Sabiene Klaus | *Martin Klaus*

ErgoDog

Ausbildung und Einsatz
eines Therapiehundes

Gewidmet unseren Eltern

Sabiene Klaus | Martin Klaus

ErgoDog

Ausbildung und Einsatz
eines Therapiehundes

Haftungsausschluss

Alle hier vorgeschlagenen Vorgehensweisen und Therapievorschläge wurden von den Autoren und vom Verlag sorgfältig erwogen und geprüft. Dennoch erfolgt ihre Durchführung auf eigene Gefahr und entbindet den/die Therapeuten/in nicht von der Beachtung individueller Gefahrenmomente, der nach Erscheinen des Buches ggf. geänderten rechtlichen Verordnungen und der Planung entsprechender Sicherungsmaßnahmen. Eine Haftung des Autors bzw. des Verlages und seiner Beauftragten ist ausgeschlossen.

Veröffentlicht in der Edition:
verlag modernes lernen • Schleefstraße 14 • D-44287 Dortmund

Gesamtherstellung: Löer Druck GmbH, Dortmund

Bestell-Nr. 1096 ISBN 978-3-8080-0700-6

Inhalt

Hunde und Menschen

Sabiene Klaus und Kuckunniwi

Kuckunniwi, (* 31.7.2012) ist ein Mix aus Zwergschnauzer (Papa) und Zwergpinscher (Mama). Er befindet sich zurzeit in der Grundausbildung mit ersten Ausbildungsanteilen zum Therapiehund. Kuckunniwi liebt Spielen, Schmusen, Fressen in beliebiger Reihenfolge und gerne in jedweder Wiederholung. Er lebt zusammen mit Herrchen, Frauchen, Chakotay und den drei Katzen Wölkchen, Knäulchen und Paddington.

Sabiene Klaus ist staatlich anerkannte Ergotherapeutin, Master of Business Administration in Health Care (Management), Bachelor of Science in Kreativer Pädagogik und Therapie und ist als Schulleiterin an der staatlich anerkannten Schule für Ergotherapie der IB Medizinischen Akademie in Stuttgart tätig. Der Schwerpunkt ihrer Lehrtätigkeit liegt in „neuropsychologischen und kreativtherapeutischen Behandlungsverfahren". 2011 schloss sie ihre Ausbildung zur Hundetrainerin ab und widmet sich seitdem der Ausbildung und Verhaltenstherapie von Hunden verschiedener Rassen und Mixe. Seit Ende 2011 bildet sie Linus und Loki als Therapiebegleithunde aus und arbeitet mit diesem Ziel auch mit Chakotay und Kuckunniwi. Unter ihrem damaligen Namen „Fenske-Deml" veröffentlichte sie 1997 „Mein Gehirn kennt mich nicht mehr" und 2000 „Alternativen und Altbewährtes für alte Menschen" im verlag modernes lernen. Erschienen sind auch ein Manual zur Ausbildung von Ergotherapeuten sowie diverse Fachartikel.

Martin Klaus und Chakotay

Chakotay (*1.3.2012) ist eine Jack-Russel-Terrier Hündin. Ihre Grundausbildung ist nahezu abgeschlossen. Auch sie hat erste Elemente der Therapiehundausbildung. Ihre besondere Begabung liegt in Sprüngen aller Art und sie beherrscht perfekt das Hindurchkriechen unter Hindernissen. Chakotay und Kuckunniwi sind ein Paar. Beide Hunde gehören eher zu den aktiven Therapiehundtypen.

Martin Klaus ist staatlich anerkannter Ergotherapeut, Master of Business Administration in Health Care (Management), Bachelor of Science in Kreativer Pädagogik und Therapie und Kommunikationselektroniker (Informatik). Er ist hauptberuflich Ausbildungsleiter und Lehrkraft für „motorisch-funktionelle Behandlungsverfahren" an den staatlich anerkannten Schulen für Ergotherapie und Arbeitserziehung der IB Medizinischen Akademie in Stuttgart und assistiert seiner Frau Sabiene seit vielen Jahren bei Fortbildungen in dem von ihr entwickelten Therapiekonzept „Sentitas" – ein palliatives Therapieverfahren für schwerstpflegebedürftige und sterbende alte Menschen.
Er veröffentlichte 2009 eine Studie zum Thema „Technische Medien als Ausbildungsinhalt (in Gesundheitsfachberufen) und im Praxiseinsatz", unterstützte seine Frau in ihrer Ausbildung zum Hundetrainer und begleitet sie in ihrer praktischen Tätigkeit beim Training. So gewann er Erfahrung in der Hundeerziehung, die er seither erfolgreich einsetzt.

Hans Hutzelmeyer und Loki

Loki (*26.4.2010) ist ein Cockerspaniel. Er hat 2012 seine Prüfung zum Familienbegleithund abgelegt und befindet sich in der Therapiehundeausbildung. Seinen Einsatz hatte er bereits bei sehbehinderten Menschen und im Umgang mit einem schwerstbehinderten autistischen jungen Mann. Loki beherrscht sowohl aktive als auch passive Therapiehundelemente. Als echter Stöberhund interessiert Loki alles was versteckt ist und er liebt das Element Wasser.

Herrchen Hans Hutzelmeyer ist promovierter Diplombiologe und Ergotherapeut und als Schulleiter an der staatlich anerkannten Schule für Arbeitserziehung der IB Medizinischen Akademie in Stuttgart tätig. Seine Lehrtätigkeit hat die Schwerpunkte „Biologie und Anatomie“ sowie „psychosoziale und kreativtherapeutische Behandlungsverfahren“. Voraussichtlich im Herbst 2013 wird sein märchenhafter Roman „Das Buch, das niemand haben wollte“ veröffentlicht.

Sarah Weyl und Linus

Linus (*19.02.2007) ist ein kastrierter Mix aus Schäferhund (Mama) und vermutlich Appenzeller Sennenhund. Entsprechend ist seine absolute Lieblingsbeschäftigung das Hüten von Menschen und Tieren aller Art. Linus hat 2012 seine Prüfung als Familienbegleithund abgelegt und seit Juni 2013 sein Zertifikat als geprüfter Therapiebegleithund. Als Geschenk zur bestandenen Prüfung wird er bald auf ein paar Entenkinder aufpassen dürfen, die er sich selbstverständlich selbst aussucht. Linus' besondere Begabung liegt im sehr schnellen Verständnis der von ihm geforderten Aufgaben. Entsprechend werden ihm Wiederholungen schnell langweilig und er will stets gefordert werden. Seinen Einsatz findet Linus in der geriatrischen Akut- und Rehabilitationstherapie. Die Arbeit mit den multimorbiden Menschen, die häufig neben körperlichen Beeinträchtigungen (Apoplexien, Parkinsonsyndrome, Arthrosen ...) auch psychische Beeinträchtigungen haben (dementielle Prozesse), fordert von ihm und seinem Frauchen die Kunst der Stimmungsübertragung. Er lebt zusammen mit Frauchen und Familie nebst zwei Katzen Freddy und Mira.

Frauchen Sarah Weyl ist staatlich anerkannte Ergotherapeutin und im Bereich der geriatrischen Akut- und Rehabilitationstherapie an einem Alten- und Pflegeheim tätig. Stundenweise unterrichtet sie an der staatlich anerkannten Schule für Ergotherapie der IB Medizinischen Akademie „Psychosoziale Behandlungsverfahren – mit dem Schwerpunkt Geriatrie". Sie arbeitet mehrmals in der Woche sehr erfolgreich mit ihrem Hund Linus in der Behandlung von Senioren.

1. Baustein I – Der Mensch ist ein handelndes Wesen

1.1 Paradigma der Ergotherapie

„Der Mensch ist ein handelndes Wesen und hat ein Grundrecht auf sinngebendes Tun!“

Das Paradigma (Vorbild / Weltanschauung) der Ergotherapie prägt die Sichtweise und die ethischen Motive des ergotherapeutischen Behandlungsansatzes. Es drückt aus, dass es keine Krankheit und keine Situation im Leben eines Menschen gibt, in der er nicht das Recht hätte, seine Handlungen selbst zu bestimmen und ihm in jeder Lage und Situation die Möglichkeit gegeben werden muss, sinngebende Handlungen durchzuführen.
Handeln stellt einen Pfeiler der menschlichen Existenz dar. Es ist ein Grundbedürfnis eines jeden Menschen, sinnvolle / sinngebende Handlungen durchzuführen und so im täglichen Leben aktiv zu sein und an ihm zu partizipieren. Das „sinngebende Tun“ ist Lebensgrundlage und -perspektive. Persönliche Erfolge und Misserfolge in seiner Umwelt prägen den Menschen und geben ihm eine existentielle Basis, auf der er aufbauen und sich weiterentwickeln kann.
Wird ihm das Recht bzw. die Möglichkeit sinnvoll zu handeln verwehrt, wird der Mensch schnell seine Motivation an der täglichen Partizipation verlieren. Die kann zu psychischen Störungen, Verwahrlosungstendenzen bis hin zur Selbstaufgabe mit suizidalen Gedanken führen.
Ergotherapeuten sind ein verschreibungspflichtiges Heilmittel und müssen vom behandelnden Arzt verordnet werden.

1.2 Entwicklung der Ergotherapie in Deutschland

Das Wort Ergotherapie setzt sich aus den altgriechischen Wörtern *érgon* (Werk / Arbeit) bzw. *érgein* (handeln, tätig sein) und *therapeía* (Dienst / Behandlung) zusammen.
Der Ursprung der Ergotherapie liegt in der Beschäftigungstherapie.
In Deutschland wurde 1947 der erste Lehrgang für Beschäftigungstherapie in Bad Pyrmont mit Hilfe des britischen Roten Kreuzes und einer englischen Beschäftigungstherapeutin durchgeführt.
1953 gab es den ersten ministeriellen Erlass zur Einrichtung von staatlich anerkannten Schulen für Beschäftigungstherapie und die Durchführung des ersten Kurses an der Schule für Beschäftigungstherapie am Annastift in Hannover.
Zwischen 1971 und 1974 wurden erste Beschlüsse zur Berufsbezeichnung „Ergotherapeut" verabschiedet.
Am 01.01.1999 trat das Gesetz zur Änderung der Berufsbezeichnung in „Ergotherapeut/in" und am 01.07.2000 die 1999 verabschiedete Ausbildungs- und Prüfungsverordnung für Ergotherapeuten in Kraft.
Im Jahr 2005 wurden die ersten Ergotherapeuten nach IQH-Excellence – der Qualitätssicherung in der Heilmittelversorgung zertifiziert. Der 1. Master-Studiengang Ergotherapie startet an den Fachhochschulen Hildesheim / Holzminden / Göttingen.

1.3 Ziele der Ergotherapie

Das Konzept der Ergotherapie beruht auf der ganzheitlichen Behandlung von kranken, beeinträchtigten und Menschen mit angeborenen und erworbenen Behinderungen. Über sinngebende Alltags- bzw. handlungsorientierte Aktivitäten und Prozesse wird ihnen die Möglichkeit gegeben, neue bzw. verlorengegangene Kompetenzen, Fähigkeiten und Fertigkeiten zu entwickeln, wiederzuerlangen und zu erweitern. Unter Berücksichtigung der persönlichen Situation des Patienten, seiner körperlichen und / oder geistigen Defizite und ggf. daraus resultierenden

Schmerzen setzt die Behandlung an den Ressourcen des Patienten an. D. h., für eine erfolgreiche Behandlung darf der Fokus nicht auf den Defiziten des Patienten liegen, sondern muss unter Berücksichtigung aller genannten Faktoren auf seinen verbliebenen Fähigkeiten begründet sein.
Weitere Ziele liegen bei Erwachsenen in der beruflichen (Wieder-) Eingliederung und der Selbständigkeit im alltäglichen Leben sowie bei Kindern in der Interaktion mit der Umwelt und somit dem Lernen durch Handeln.
Die individuelle therapeutische Zielsetzung hängt von der Art der Erkrankung, den Defiziten, den Ressourcen und den persönlichen Wünschen des Patienten ab.
Ergotherapeuten haben die Aufgabe, durch den Einsatz unterschiedlicher für die Krankheit indizierte Sozialformen (z. B. Einzeltherapie, Gruppentherapie, Partnerarbeit, Projektarbeit etc.), Therapiemittel (z. B. alltägliche Gegenstände, Handwerk etc.) und Methoden (z. B. therapeutisches Führen, Mobilisation etc.) einen Behandlungsansatz zu entwickeln.
In der Durchführung kleiner Handlungsschritte können (Alltags-)Fähigkeiten, -fertigkeiten und -kompetenzen erlernt und wiedererworben werden. Dies geschieht u. a. durch motorisch-funktionelle Maßnahmen, sensomotorisch-perzeptive Behandlungen, Hirnleistungstraining, psychisch-funktionelle Behandlungen, Selbsthilfetraining in den Bereichen des Alltags, Förderung der psychosozialen Kompetenz, usw.
Um dem betroffenen Menschen die Möglichkeit zur Interaktion bzw. die Handlungsfähigkeit mit der Umwelt zu ermöglichen, ist es zum einen die Aufgabe der Ergotherapie den Patienten so zu unterstützen, dass er in der Lage ist, weitgehend selbstständig zu agieren (Gehhilfen, Rollator, Rollstuhl etc.) und zum anderen die Umwelt anzupassen, um eine Kompensation der Beeinträchtigungen zu erreichen (Treppenlifter, rollstuhlgerechte Einrichtung, Adaption für Schlüssel und Türgriffe etc.).

1.4 Ergotherapie in der Psychiatrie

Der Bereich der Ergotherapie in der Psychiatrie umfasst ein weites Gebiet, insbesondere: die Kinder- und Jugendpsychiatrie mit Störungsbildern wie AD(H)S, Soziale Phobien, Angststörungen, Essstörungen, dissoziale Störungsbilder, pathologische Regressionen u. ä. sowie den komplexen Bereich der Suchterkrankungen, wozu sowohl stoffgebundene Süchte gehören, wie Alkohol und Drogen, als auch nichtstoffliche Süchte wie die Internet-(Spiel)Sucht. Schließlich das weite Feld der Neurosen, u. a. mit Ängsten, Zwängen, Konversionsneurosen und das der Psychosen mit den affektiven und schizophrenen Formen. Angesichts dieser Vielfalt hat es den Anschein, als ob ergotherapeutische Verfahren sich kaum auf „einen Nenner" bringen lassen und alles, was mit der Heilung des Seelenlebens zusammenhängt scheint kaum überprüfbar. Entsprechend gibt es auch leider viele fragwürdige Vorgehensweisen, die eher auf irgendeine Beschäftigung und das Aufgehobensein des Patienten im Therapiealltag abzielen, denn auf seriöse therapeutische Intervention. Nähern wir uns also strukturiert den Methoden und Zielen psychiatrischer- bzw. psychosozialer Ergotherapie. Da wäre als erstes die (Tages-) Strukturierung, die die Ergotherapie mit allen anderen Therapieverfahren gemeinsam hat, und die nicht zu unterschätzen ist. Da individuelle Regression eine häufige Begleiterscheinung psychischer Erkrankungen ist, bedeutet das Einhalten eines Therapietermins für manche Patienten bereits einen Kraftakt. Zu Beginn einer Therapie kann allein das Anwesend-Sein für den Patienten eine ausreichende Anforderung darstellen. Ein Therapiehund, der sich vorbehaltlos freut, wenn er den Patienten sieht, ohne eine Erwartung an ihn zu stellen, wirkt für viele Patienten bestätigend. Im weiteren Therapieverlauf kann der Therapiehund auf den Patienten warten. Viele Patienten, gerade mit Suchterkrankungen und sozialen Störungen, haben im Verlauf ihrer Erkrankung die Erfahrung gemacht, dass sie früher oder später sozial ausgegrenzt werden, da ihre Umgebung nicht länger mit der Situation umgehen kann. Der Therapiehund weiß von alldem nichts. Er wartet vorbehaltlos und beharrlich auf sein Stück Käse oder sein Stückchen Wurst von eben dem Patienten X, der seinerseits weiß, dass nur er dem

Hund dieses Goodie gibt und somit Verantwortung übernehmen muss – für sein Erscheinen und für sein Nichterscheinen. Ist der Patient bereit, sich mit dem gegebenen therapeutischen Umfeld auseinanderzusetzen, so kann Hund auf vielfältige Weise den Therapieverlauf stützen und unterstützen, was in den weiteren Kapiteln dieses Buches noch näher beschrieben wird. Unabhängig vom Einsatz eines Therapiehundes ist es indiziert, sich an den (noch) gesunden Ressourcen zu orientieren. Abgesehen von angeborenen psychischen Erkrankungen, die dann eher dem Bereich der Behinderungen zuzuordnen sind, hat nahezu jede psychische Störung eine nicht pathologische Vorgeschichte. Da ist das ruhige Kind, das als brav und unkompliziert jedermanns Liebling war, oder der Junge/ das Mädchen, das als so herrlich wild und draufgängerisch erlebt wurde. Da ist das junge Mädchen, das wegen seiner schlanken, model-gleichen Figur bewundert wurde oder der Kumpel zum Pferde stehlen, der so schön locker wurde nach ein paar Glas Alkohol. Häufig sind psychische Erkrankungen auch Selbstheilungsversuche der Seele. Der Rückzug, die Nivellierung der eigenen Gefühle, das „andere" Erleben der Realität oder das komplette Entfernen aus dieser. Ergotherapie in der Psychiatrie hat eines gemeinsam: durch sorgfältige Diagnostik an den gesunden Anteilen anzuknüpfen und nichtpathologische Verhaltensalternativen anzubieten.

Kuckunniwi ist deutlich anzusehen, dass ihm der erste Kontakt zu dem kleinen Lennox unangenehm ist. Für weitere Fotos mit dem Kind haben wir Kuckunniwi nicht mehr eingesetzt.

Freundliche Kontaktaufnahme. Chakotay stellt sich parallel zu Lennox und zeigt ihm mit Schnauzenstoß ihre Sympathie.

Hier muss eingewirkt werden. Chakotay versucht Lennox zu dominieren, da Kinder aus Hundesicht gleichrangig sind.

Spiel. Beide genießen entspannt den Kontakt. Das Anspringen durch Hunde soll nicht grundsätzlich unterbunden werden, da es zu den natürlichen Verhaltensweisen gehört. Allerdings ist darauf zu achten, dass das Kind größe- und kräftebezogen dem Hund gewachsen ist.

Auch hier: partnerschaftliches Verhalten zwischen Kind und Hund.

Vertrauen: Lennox im Kontakt mit der sensiblen Hundeschnauze.

So soll es sein: Chakotay respektiert das Kommando „Sitz“ durch ihr Herrchen und wartet, bis Lennox ihr den begehrten Keks gibt, ohne vorher danach zu schnappen.

Auch hier: ein geduldiges Sitz – gleichwohl bei starkem Interesse von Loki an Lennox‘ Spielzeug

Die Körperbeherrschung, die Linus mit seiner Hundeschnauze vollzieht, ist beachtlich. Er kann aus der kleinen Kinderhand einen noch kleineren Keks naschen, ohne die Hand selbst in die Schnauze zu nehmen.

Ein „implemental gimmick“ zur Förderung der Badefreuden. Lennox ist ganz unbefangen. Linus ist die Konzentration auf sein Frauchen deutlich anzumerken.

1.5 Ergotherapie bei geistigen Behinderungen

Der Einsatz der Ergotherapie bei geistigen Behinderungen erfolgt oft in entsprechenden Einrichtungen, wie z. B. Werkstätten für behinderte Menschen. Hier ist die häufigste Therapieform, die im diesem Bereich eingesetzt wird, die Arbeitstherapie. Die Aufgabe der Ergotherapeuten ist es, Menschen in sinnvolle Arbeiten einzubinden, sie anzuleiten, je nach Fähigkeiten (Ressourcen) einzusetzen und die Defizite zu mildern oder abzubauen. Eine Diagnostik bzw. Einstufung erfolgt i.d.R. mit Hilfe eines standardisierten Erhebungsverfahrens, wie z. B. MELBA. Des Weiteren werden auch Therapien im psychosozialen Bereich durchgeführt. Hier geht es z. B. darum, das Sozialverhalten der behinderten Menschen in Einzel-, Partner-, Gruppentherapien etc. zu fördern und die Kommunikation sowie das soziale Miteinander zu trainieren. Bei zusätzlichen körperlichen Einschränkungen kann durch den zuständigen Hausarzt auch motorisch-funktionelle Therapie verordnet werden, z. B. bei infantilen Zerebralparesen, Schädel-Hirn-Trauma etc. Dabei steht das Bewegungsausmaß, die Koordination, Grob- und Feinmotorik im Vordergrund der Therapie.

Der Einsatz von Therapiehunden mit geistig behinderten Menschen kann vielfältige Bereiche abdecken. Beobachtungen zur Folge, haben viele Menschen mit geistigen Behinderungen eine natürliche Affinität zu Tieren. Dies trifft insbesondere auf Menschen mit Trisomie 21 zu, die eine hohe emotionale Intelligenz besitzen.

Im arbeitstherapeutischen Bereich können die Hunde u. a. bei der Tagesstruktur helfen. Das regelmäßigen Füttern, Ausführen und Pflegen des Tieres lässt einen geordneten Rhythmus entstehen.

Bei psychosozialen Therapien sind Tiere eine unschätzbar große Unterstützung. Sie fördern die Kommunikationsbereitschaft und die Interaktion der Patienten sowohl mit dem Tier als auch untereinander. Es entsteht eine empathische und liebevolle Atmosphäre, die sich positiv auf den Umgang miteinander und die Therapie auswirkt.

Aber auch autistische Patienten sprechen häufig gut auf den Einsatz von Tieren an. So kann der Kontakt zum Fell eines Hundes zum Lösen

von Spastiken führen, aber auch die Kommunikationsbereitschaft und die Aufmerksamkeit des Autisten fördern.
In der Pädiatrie wird der Hund gerne in Spiele eingebunden, die sowohl psychosoziale als auch motorisch-funktionelle Bereiche abdecken. Das Spielen eines Kindes mit einem Hund führt u. a. zur Förderung der Mobilität, der Kommunikation und der Interaktion mit dem Tier.

Besonders gut eignen sich bei Menschen mit geistiger Behinderung kleine bis mittelgroße Hunde, da diese ein natürliches Kindchenschema besitzen. In Einzelfällen werden auch große Hunde problemlos akzeptiert.

Natürlich gibt es auch Kontraindikationen. Behinderte Menschen, die Angst vor Tieren haben, sind für die Arbeit mit Tieren nicht geeignet. Bei Autisten, die sich nicht äußern können oder zu introvertiert sind, ist es auch möglich, dass entweder keine Reaktion auf das Tier erfolgt, eine vorhandene Spastik verstärkt wird oder es zu Abwehrreaktionen wie starkes Zupacken oder im Extremfall zu Wutreaktionen kommen kann. Dies muss im Einzelfall genau beobachtet und umgehend darauf reagiert werden.

Eingerahmt von zwei imposanten Hundepersönlichkeiten – eine Stärkung für das Selbstbewusstsein.

Koordination ist alles. Hand-Hand- und Hand-Auge-Koordination werden ebenso geschult wie das Gehen in Balance mit zwei Hunden an der Leine.

Eine Frage des Respekts. Kuckunniwi muss geduldig warten, bis Linus sein Goodie bekommen hat.

Schwer zu erlernen ist das Kommando „Steh", insbesondere auf Menschenbeinen. Beide Partner müssen die muskuläre Tonusregulation beherrschen.

Eine Leistung in Sorgfalt und Konzentration: der „Patient" koordiniert das „Sitz" bzw. „Platz" von vier Hunden, bis er sich dazusetzen kann.

Leinenführung mit Steigerung des Schwierigkeitsgrades: Vier Hunde unterschiedlicher Größe und damit unterschiedlich schnellen Schrittes.

1.6 Ergotherapie in der Neurologie

Im neurologischen Bereich ist es die Aufgabe der Ergotherapie Menschen zu behandeln, die durch neurologische Erkrankungen bzw. Schädigungen (z. B. Apoplex, SHT usw.) im zentralen- (ZNS) und / oder peripheren Nervensystem (PNS) eine vorübergehende oder dauerhafte Verminderung der Handlungsfähigkeit erlitten haben. Diese Schädigungen können sensomotorische, neuropsychologische und / oder kognitive Beeinträchtigungen nach sich ziehen, Auswirkungen auf die psychosozialen Fähigkeiten des betroffenen bzw. erkrankten Menschen haben und ihn in der Gesamtheit seiner Handlungsfähigkeit beeinträchtigen. Der Mensch steht in ständiger dynamischer Beziehung zu seiner Umwelt. Kommt es in Folge einer Schädigung zu Beeinträchtigungen, ist auch die Interaktion des Betroffenen innerhalb seines Lebensbereichs gestört. Das bedeutet, dass Handlungen im Alltag und / oder die Kommunikation mit anderen Menschen erheblich erschwert sein können. Deshalb ist es in der ergotherapeutischen Behandlung wichtig, neben der Therapie der gestörten Funktionen und der Handlungsfähigkeit auch die Lebenszusammenhänge des gesamten Menschen mit seinen psychosozialen Fähigkeiten und die ihn umgebenden Umweltfaktoren im psychosozialen Bereich mit in die Therapie einzubeziehen.
Die Ergotherapie in der Neurologie setzt auf das (Wieder)-Erlernen von Handlungsfähigkeiten durch „motorisches Lernen“. Jede bewusste Bewegung, die ein Mensch durchführt, ist an eine Handlung mit entsprechendem Handlungsziel geknüpft. Viele Behandlungsansätze, wie z. B. Bobath oder Perfetti, gehen davon aus, dass die neuronalen Verbindungen im Gehirn auf Grund persönlicher Vorerfahrungen, sensorischer Inputs und individueller Umweltfaktoren geprägt werden und nach einer Schädigung durch gezielte unterstütze Bewegungen neu oder teilweise wieder aufgebaut werden können. Eine Schädigung im ZNS und die daraus resultierende Störungen beeinträchtigen die Alltagsaktivität und die Partizipation, d. h. die Teilnahme am täglichen Leben des Betroffenen.
Die ICF (Internationale Klassifikation der Funktionsfähigkeit, Behinderung und Gesundheit) der Weltgesundheitsorganisation (WHO) enthält

eine länder- und fachübergreifende einheitliche Sprache zur Beschreibung des funktionalen Gesundheitszustandes, der Behinderung, der sozialen Beeinträchtigung und der relevanten Umgebungsfaktoren einer Person. Sie dient als Instrument in der Gesundheitlichen Versorgung, d. h. der Beurteilung des Bedarfs, der Anpassung von Behandlungen an spezifische Bedingungen, der berufsbezogenen Beurteilung, der Rehabilitation und der Evaluation der Ergebnisse. Unter anderem ist sie auch ein statistisches Instrument für die Erhebung und Dokumentation von Daten und dient als Wegweiser in der ergotherapeutischen Behandlung.

Die Betätigung eines Menschen in seiner Umwelt wird in der Ergotherapie als Betätigungsperformance bezeichnet. Sie beschreibt, wie ein Mensch sich sinnvoll und für seine Kultur und Altersgruppe entsprechend betätigt. Dazu gehört auch, dass er in der Lage ist, für ihn bedeutsame Betätigung auszuwählen, zu organisieren und zu seiner Zufriedenheit auszuführen (vgl. Carola Habermann, 2009).
Eine Schädigung im ZNS beeinträchtigt den Betroffenen auch durch bestimmte Funktionsstörungen in seiner Betätigung und damit auch in seiner Betätigungsperformance.
In der neurologischen Behandlung von Patienten ist es nicht nur wichtig, dass ein Therapeut befundet, welche Bewegungen ein Patient ausführen kann, sondern vor allem **wie** der Betroffene eine Handlung ausführt (Fehlhaltungen, Kompensationsbewegungen etc.). Es ist die Aufgabe der Ergotherapeuten, die Bewegung bei Bedarf so zu modifizieren, dass eine möglichst physiologische Handlung ausgeführt wird.
Wie bereits erwähnt, wirkt sich eine Betätigung durch sensorische Inputs auf das neuronale Netzwerk des Gehirns aus. Um die beeinträchtigte Betätigungsperformance eines Patienten zu steigern und eine für ihn zufriedenstellende Leistung sowie Aktivität und Partizipation herzustellen, intervenieren Ergotherapeuten auf unterschiedlichen Ebenen.
Die Intervention kann **passiv** (z. B. Therapeut führt die Bewegung am Patienten), **unterstützend** (z. B. Therapeut hilft dem Patienten, gezielte Bewegungen auszuführen) oder **aktiv** (z. B. Patient führt Bewegungen selbständig und ohne Unterstützung des Therapeuten aus) erfolgen.

Darüber hinaus wird zum einen die Anforderung einer Handlung durch Modifikation im Ablauf und / oder Zerlegen in kleinere Handlungsschritte angepasst und zum anderen erfolgt ggf. eine Adaption der Umwelt (Gegenstände, Räume), um eine ausreichende Unterstützung des Betroffenen zu gewährleisten. Dies muss in jeder Planung und Durchführung einer Therapie berücksichtigt und bewusst eingeplant werden.
Der Einsatz eines Therapiehundes im neurologischen Bereich kann unterschiedliche Aufgabenbereiche abdecken. Zum einen erzeugt er eine angenehme sensorische Spürinformation beim passiven unterstützten oder aktiven Streicheln des weichen Felles und zum anderen kann sich auch alleine die Nähe eines Hundes positiv auf das Gefühlserleben des Patienten auswirken. Dabei wirkt die Anwesenheit des Tieres beruhigend auf die Psyche des Patienten, der sich vielleicht „in einem gewissen Rahmen" beschützt und behütet fühlt. Die Gesamtheit der dabei entstehenden Gefühle, der Erfahrungen und Spürinformationen bewirken eine Zusammenarbeit unterschiedlicher Hirnstrukturen und das Entstehen neuer neuronaler Verbindungen.
Natürlich gibt es wie für jedes Therapiemedium auch Kontraindikationen für den Einsatz eines Therapiehundes. Eine der Hauptkontraindikationen stellt die Kynophobie (Angst von Hunden) dar. Diese führt zu Angstreaktionen, Stress und ggf. Flucht- / Rückzugstendenzen, die sich negativ auf die Compliance des Patienten und damit auf die gesamte Therapie auswirken kann. Des Weiteren ist es möglich, dass es bei Sensibilitätsstörungen auch zu indifferenten sensorischen Inputs beim Streicheln des Hundes kommt, die sich ebenfalls negativ auf das Sprouting der Neurone auswirkt, da das Gehirn mit den Spürinformationen nichts anfangen kann.

Ein gern gesehener Gast: kleiner Hund auf dem Schoß.

Im Zwiegespräch. Linus als aufmerksamer Zuhörer.

Zum Füttern von Linus sind multiple Bewegungskoordinationen im Rumpf und den oberen Extremitäten notwendig.

Darf's ein bisschen mehr sein? Mittelgroße Hunde mit Kuschelcharakter wie Loki können auch noch auf dem Schoß balanciert werden. Zudem schaffen die großen Pfoten deutliche tiefensensible Inputs.

Koordination und Umstellfähigkeit ist hier gefragt. Während Chakotay ihr Goodie bekommt, macht sich Loki bereits durch „Pfote auflegen" bemerkbar.

Vertrauen und multiple Spürerfahrungen vermittelt Linus mit seiner sanften Schnauze.

Leckerli auf dem Tisch müssen ggf. abgezählt und sortiert werden. Dann bekommt Kuckunniwi gezielt seine Goodies – beispielsweise mit der erkrankten Hand.

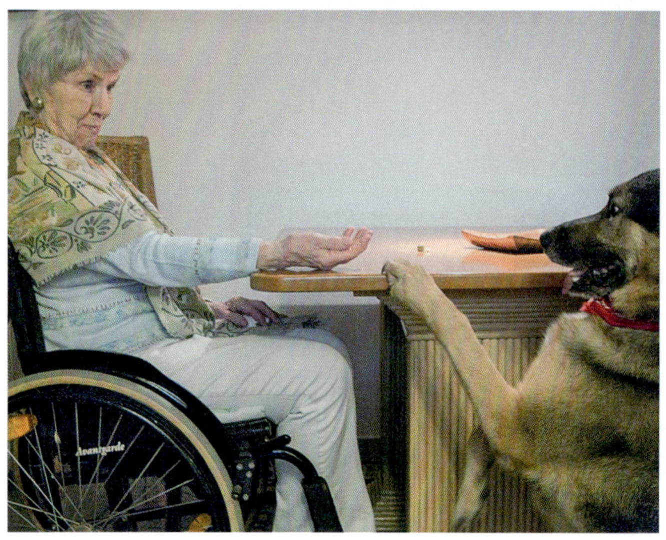

Therapiehund Linus bei der „Kür". Komplementäre Mensch – Hunde Gestik

Pures Wohlbefinden – ein „Bad in der Menge" – der „Patientin" gehört die gesamte Aufmerksamkeit.

2. Hunde in der Ergotherapie

In den letzten Jahren haben sich Hunde im sozialpädagogischen und sozialtherapeutischen Bereich zunehmend etabliert. Noch fehlt die Trennschärfe zwischen Hunden, die Besuchsdienste verrichten, Hunden, die speziell zu Begleitung behinderter Menschen ausgebildet sind und Hunden, die als Co-Therapeuten fungieren. Im Kapitel *Begriffsklärung* gehe ich noch näher auf dic Abgrenzungen ein. Wird ein Hund jedoch für die tiergestützte *Therapie* ausgebildet *muss* der hundeführende Therapeut wissen, was er will, was er von Hund und Patient erwarten kann und wo die Grenzen sind.

Über den Einsatz von Hunden in der Ergotherapie hat Petra-Kristin Petermann bereits im Jahr 2000 geschrieben. Sie beschreibt drei Einsatzebenen: *1. Die Beobachtungsebene*. Das Fixieren und Verfolgen eines Hundes mit den Augen bedeutet für Menschen mit Gleichgewichtsstörungen und hypo- bzw. hypertonen Dysbalancen der Muskulatur bereits eine große Herausforderung. Hinzu kommen Erfordernisse der Aufmerksamkeit und Konzentration und das Erinnern an ähnliche Beobachtungen aus früheren Gegebenheiten. Neues Lernen entsteht durch das Wissen, Verstehen und schließlich Einordnen der kommunikativen Signale des Hundes. Daraus folgt Regelverständnis und Respekt für den Hund und seine Bedürfnisse. *2. Die Kontaktebene*. Die erste Kontaktaufnahme wird durch den Therapeuten vorgegeben und gelenkt. Das Bedürfnis des Patienten nach der Beobachtungsphase das Begriffene auch be-greifen zu wollen, stellt sich relativ rasch ein. Jedoch muss im Interesse des Hundes auch funktionell interveniert werden, etwa durch Minderung von zu hohem Muskeltonus, damit das Streicheln des Hundes gelingt und für Mensch wie Hund eine entspannende Wirkung hat. *3. Die Ebene der Interaktion*. Dies ist eine sehr komplexe Ebene, die viele Möglichkeiten der Einflussnahme bietet aber auch hohe Herausforderungen an die therapeutische Arbeit stellt. Zu dieser Ebene gehören das Ausbilden und Fördern von Kompetenzen wie: Körperbeherrschung; Vorstellungskraft und Umsetzungsvermögen – beispielsweise beim Spielen mit dem Hund; Koordinationsfähigkeit; Eigenaktivität;

Verantwortungsbewusstsein und die Fähigkeit, sich in die Bedürfnisse des Hundes einzufühlen.
Hunde werden im ergotherapeutischen Kontext derzeit vorwiegend mit Kindern eingesetzt, da hier die Vorbehalte des Patienten gegenüber dem Therapiemedium „Hund“ relativ gering sind. Erst langsam etabliert sich der Therapiebegleithund auch in der Arbeit mit erwachsenen und alten Menschen. Dabei sind die positiven Effekte einer tiergestützten Therapie vielfältig: Verbesserung der Körperbeherrschung und Koordination, Verbesserung der Aufmerksamkeit und Konzentration, Verbesserung der sinnlichen Wahrnehmung und der Sensibilisierung für den eigenen Körper, den des Hundes und der Einbeziehung der Umgebung im Spiel. Stärkung des sozialen Vertrauens, Überwindung von Kontaktängsten, Verstärkung der Fürsorgekompetenzen bei der Pflege des Tieres, Verbesserung der Kommunikationsbereitschaft und damit auch Sprechbereitschaft und Sprechfähigkeit. Damit hängt gleichwohl die Förderung geistiger Funktionen zusammen, ferner die Bereitschaft, eigene Wünsche und Bedürfnisse zu verbalisieren. Daraus folgt eine Stärkung des Selbstvertrauens und Selbstwertgefühls. Damit eine Mensch – Hund Beziehung stabil ist, müssen *beide* Partner über soziale Kompetenzen verfügen. Dazu gehört sowohl die Fähigkeit, andere anzunehmen und von ihnen zu lernen, als auch selbst Vorbild für andere sein zu können. Diese Balance verantwortet der Therapeut, sowohl durch Einwirken auf den Patienten, als auch durch ein sehr spezielles Einwirken auf den Hund, das im Kapitel Caniditätgenauer beschrieben wird. Mensch und Hund brauchen beide Vertrauen zueinander, insbesondere beim Sichern von Ressourcen, wie beispielsweise Futter. Sie bemerken, liebe Leser, wie erfreulich komplex die Indikationen zum Einsatz eines Therapiehundes sind und gleichzeitig stellt sich die Frage, wie ein Hund auf all diese Aufgaben vorbereitet werden kann.

3. Überlegungen zur Caniditát

Was könnte oder sollte Hund veranlassen, ein Therapiehund zu werden – einmal abgesehen vom Ehrgeiz seines Menschen?
Viel wurde geforscht zu der Moral von Tieren, insbesondere der Hundeartigen. Jeder kam bis jetzt zum gleichen Ergebnis:
Hunde haben ein Bewusstsein und verfügen über eine ausgeprägte Intelligenz. Hunde verhalten sich „fair" im Sinne einer Moral durch Kooperation und wechselseitige Hilfe, die der „Gesamtfitness" des Rudels (wozu auch die Familie seines Menschen gehört) unter Hintanstellen eigener Bedürfnisse dient. Hunde kommunizieren klar und vielschichtig und mit diversen Feinheiten. Konrad Lorenz bezeichnet die Loyalität des Hundes zu seinem Rudel als moralanaloges Verhalten. So sollten wir bei weiteren Überlegungen, wie Hund zum Co-Therapeuten ausgebildet werden kann und will, seine Caniditát als Hund (analog zur Humanität der Menschen) besprechen.
An dieser Stelle sollte eine Abgrenzung vorgenommen werden zu Therapiehundeausbildungen, die Hunden letztlich (nur) dasselbe abverlangt, wie bei analogen Ausbildungen: Apportieren, sicheres Stehen auf unsicherem Gelände, sich überall berühren lassen, angstfreier Umgang mit Rollator oder Rollstuhl etc. Hier wird u. a. Toleranzbereitschaft und Grundgehorsam gefordert, dessen Bedeutung ich keinesfalls schmälern möchte. Das Potential der Caniditát wird dabei jedoch kaum beansprucht – und darauf möchte ich nun näher eingehen.
Auf zwei Säulen ruht das Phänomen des Einsatzes eines Hundes in der Therapie:
Zum einen auf der *Stimmungsübertragung* und zum anderen auf der *nonverbalen bzw. paraverbalen Kommunikation.*
Unter **Stimmungsübertragung** versteht man „die bei Angehörigen sozialer Tierarten verbreitete Neigung, gleichzeitig dasselbe zu tun. So wird ein sattes Huhn durch futtersuchende Artgenossen »mitgerissen« und beginnt, wieder nach Körnern zu picken. Stimmungsübertragung ist ein wichtiges Mittel zur Synchronisation des Verhaltens innerhalb einer Gruppe.(...). Stimmungsübertragung wird oft mit Nachahmung

verwechselt. Beide Vorgänge sind aber deutlich unterscheidbar. Durch Nachahmung erwirbt ein Tier eine neue Fähigkeit; durch Stimmungsübertragung wird es dagegen nur in die »Stimmung« versetzt, etwas zu tun, was es ohnehin schon kann. Im Gegensatz zum Lernvorgang der Nachahmung werden hier also keine neuen Informationen im Gedächtnis gespeichert. (...) Stimmungsübertragung im wörtlichen Sinne bezieht sich jedoch auf Situationen, in denen ein Tier durch den Anblick des Verhaltens anderer Individuen tatsächlich in eine »neue Stimmung« versetzt wird." (URL:http://www.mensch-hund-kommunikation.de/stimmungsuebertragung.html; Stand: 28.12.12)

Die menschliche nonverbale Kommunikation basiert auf fünf Teilaspekten:
Blick (Blickkontakt halten oder wegschauen, Blick fixieren, Augen rollen etc.) **Mimik** (Mundwinkel, Augenlider, Nasenflügel etc.) **Gestik** (einhändig, beidhändig, gar keine, ruhig, nervös, ausholend, etc.) **Habitus** (Frisur, Make-up, Kleidung, «Accessoires» wie Hund, Auto etc.) **Haltung** (aufrechte oder gebeugte Haltung, fester oder unsicherer Stand, Gang etc.). URL: http://www.kuerzeundwuerze.ch/wissenswertes/wissen-von-a-z/nonverbale-kommunikation/;Stand 28.12.12)
Der Begriff paraverbale Kommunikation umfasst das ganze Spektrum der **Stimme, mit der wir eine Botschaft aussprechen**. Die paraverbale Kommunikation beinhaltet: die **Stimmlage** (hoch / tief, tragend / zitternd); die **Lautstärke** (angenehm / unangenehm laut / unangenehm leise); die **Betonung** einzelner Wörter oder Satzteile; das **Sprechtempo** (schnell/langsam); die **Sprachmelodie** (eintönig/moduliert/singend). (URL: http://www.kuerzeundwuerze.ch/wissenswertes/wissen-von-a-z/paraverbale-kommunikation/; Stand: 28.12.12)

Sie bemerken, liebe Leser, dass es im *Einsatz* des Hundes in der Therapie um weitere Befähigungen, ich möchte sagen: Werte geht. Die Grundausbildung des Hundes ist geprägt von klaren, eindeutigen Kommandos, einer unumstößlichen Rudelführung durch den Menschen und viel Spiel und Bestätigung.

Die Ausbildung des Hundes für die therapeutische Arbeit bedient sich zunehmend des Einsatzes von Stimmungsübertragung und paraverbaler, bzw. nonverbaler Kommunikation, die auch der Hund mit seinen Ausdrucksmitteln beherrscht. Sie haben in der Definition von „Stimmungsübertragung“ sicher das Schlüsselmuster bemerkt: Sie als Hundeführer begeben sich in eine Stimmung, die von entsprechendem Verhalten geprägt ist. Der Hund übernimmt in der Therapie Ihre Stimmungslage und knüpft wiederum hier an das (bereits erlernte!) Verhalten an. Gehen wir in die Praxis, um es zu verdeutlichen: Selbstverständlich haben Sie vor jeder Behandlung eine sorgfältige Therapieplanung vorgenommen. Sie beabsichtigen beispielsweise, einen bettlägerigen Patienten an die Bettkante zu mobilisieren und bei ihm mit Unterstützung Ihres Hundepartners die Vigilanz zu fördern. Diese therapeutische Vorbesprechung ist Ihnen mit Ergodog aber nicht möglich. Ergodog lebt im jetzt und erwartet von Ihnen Klarheit in den Anweisungen, was er tun soll. Sie betreten das Krankenzimmer und begegnen einem noch sehr schläfrigen und deprimierten Patienten. Wäre Ergodog *grundsätzlich* ausgebildet, Patienten schwanzwedelnd und mit mehreren freudigen „Wuff“ zu begrüßen, wäre das Entree in diesem Falle für den Patienten überfordernd. Ihr Partner Hund hat jedoch gelernt, sich an Ihnen zu orientieren und geht angemessen behutsam in das Zimmer. Dass diese Teamarbeit klappt, liegt nicht nur in der Sensibilität des Hundes, sondern vor allem auch an der des Menschen. Anders gesagt: Geht Mensch unkonzentriert, aufgeregt oder angespannt zum Patienten, wird Ergodog auch die hier unerwünschten Stimmungen übernehmen. An dieser Stelle sei erwähnt, dass noch wenig erfahrene Therapeuten erst selbst ihre Routinen erarbeiten müssen, bevor sie einen so sensiblen Kollegen wie Ergodog einsetzen. Auch therapeutische Erstkontakte sollten noch ohne Hundebegleitung stattfinden. Es gibt bis jetzt noch keine Erkenntnisse über Fähigkeiten zum diagnostischen Einsatz bei Hunden in der tiergestützten Therapie (anders als etwa in der Krebs- und Epilepsieforschung). Daher empfehle ich, den Hund in erster Linie als Therapiepartner auszubilden und nur diagnostisch einzusetzen, wo Therapie und Evaluation quasi ineinander übergehen.

Wie eingangs beschrieben ruht die Arbeit mit Ergodog auf zwei Säulen. Die Stimmungsübertragung wurde beispielhaft besprochen. Wenden wir uns nun der non- und paraverbalen Kommunikation zu. Dass Hund weder Satzbau noch Grammatik versteht, ist allgemein bekannt. Er kann aber auf einer gewissen Ebene ein Wortverständnis entwickeln, wie beispielsweise zu seinem Namen oder auch verschiedenen kurzen verbalen Kommandos wie Platz, Sitz, Bleib etc. Entscheidend für dieses Lernen sind jedoch paraverbale Äußerungen des Menschen, also Sprachmelodie, Tonlage und Sprechtempo, sowie nonverbale Äußerungen wie Gestik und Körperhaltung. In vergleichsweise bescheidenem Maße kann Mensch auch Mimik einsetzen, die aber lang nicht so differenziert ist, wie die des Hundes und in diesem Falle sehr deutlich sein muss. Hierzu gehört beispielsweise das Verengen oder Aufreißen der Augen, das Stirnrunzeln oder die Stellung der Mundwinkel. Um sich für den Hund verständlich zu machen, muss man manchmal nahezu grimassieren, was in der Menschenwelt ankommt, als hätte man einen Nervenschock. Insbesondere Brillen- und Bartträger haben es hier ungleich schwerer. Ich stelle mir auch eine Situation als kompliziert vor, in der ich mich im face-zu-face Kontakt meinem Patienten zuwende und gleichzeitig mit finsterer Miene meinem Ergodog bedeuten möchte, dass er mehr Abstand halten soll. Insofern präferiere ich in der therapeutischen Arbeit eher die Haltung des Kopfes und des Körpers insgesamt, die Zeichensprache, also Gestik und paraverbale Kommandos wie leises Pfeifen, Schnalzen u. ä. Im Interesse der Patienten ist es sehr wichtig, leise verbale Kommandos zu trainieren. Hunde hören ganz ausgezeichnet. Ein geflüstertes „Sitz“ ist ebenso effektiv, wie ein Gerufenes. Ich möchte abschließend betonen, dass wir von einer sehr speziellen Ausbildung eines Hundes sprechen, die Ergodog nur zum Einsatz bringt, wenn er auch – im Training simuliert – oder tatsächlich am Patienten als Ergodog arbeiten soll. Therapiehund sein ist – analog zum Therapeut sein, ein Beruf.

Wann sein Dienst beginnt und wann er beendet ist, kann er durch deutliche Start – Stopp Signale ebenso lernen, wie durch Anlegen einer „Dienstkleidung“, wie beispielsweise eines speziellen Geschirrs, das er sonst nicht trägt. Im Privatleben ist er einfach „nur" Hund und kann und soll sich auch als ein solcher verhalten.

Starten wir also mit dem zweiten Baustein über das natürliche Verhalten des Hundes.

4. Baustein II – Hunde sind Kulturgut

- Eine kurze Geschichte des Hundes
- Grundlagen der Mensch-Hundebeziehung
- Hunderassen und -Mix
- Die Sozialisation des Hundes
- Kommunikation
- Das Lernverhalten des Hundes
- Calming Signals
- Body Talk
- Spielen
- Bellen

4.1 Eine kurze Geschichte des Hundes

Kein anderes Tier hat den Menschen in seiner Entwicklung und Kultur so sehr beeinflusst, wie der Hund. Menschen leben seit mehr als 14.000 Jahren mit Hunden zusammen. Andere Tiere, wie Ziege, Schafe oder Rinder wurden erst 4.000 bis 5.000 Jahre später domestiziert. Die Beziehung zwischen Mensch und Tier ist seit den Anfängen der Menschheit bekannt. Der Hund trug als Gefährte bei der Jagd wesentlich zur evolutionären Entwicklung und Erschließung neuer Lebensräume des Menschen bei. Man vermutet, dass vereinsamte Wolfswelpen von den Menschen großgezogen wurden, bis der junge Wolf ausgewildert werden musste. Zahmere Wölfe konnten länger behalten und sogar vermehrt werden. Es entstand der Hauswolf. Am Ende der Eiszeit wurden die Jagdbedingungen schwieriger. Der Hauswolf jagte gemeinsam mit

dem Menschen. Daneben zeigten sich aber – insbesondere bei jungen (Haus-) Wölfen – eine besondere Affinität zu Kindern. Noch heute nutzen bspw. Frauen im Norden Kenias diese Eigenschaften und nehmen zu jedem Kind einen jungen Hund, der sich in Abwesenheit der Mutter um das Kind kümmert und es beschützt. Kind und Hund wachsen gemeinsam auf und der Hund dient als Babysitter und Spielkamerad gleichermaßen. Mit den Jahrhunderten veränderte sich das Aussehen und das Verhalten der Hauswölfe. Die generelle Angst und Aggression der Wölfe wich der leichten Zähmbarkeit und der hohen Lernfähigkeit der frühen Hunde. Im Verhalten gleichen sich Hund und Wolf zu etwa 2/3. Vom dritten Drittel sind etwa 23 % der Verhaltensweisen abgewandelt, und zu 13 % zeigt der Hund ein Verhalten, welches der Wolf nicht hat. Dazu gehört beispielsweise das Bellen als akustische Ausdrucksform bei Hunden, mit denen diese die eingeschränkten mimischen Ausdrucksmöglichkeiten im Vergleich zum Wolf kompensieren. Die erste differenzierte Hundezucht fand im 4. Jahrtausend v. Christus statt.
Seit etwa hundert Jahren spielt bei der Hundezucht neben Leistung auch Aussehen eine größere Rolle.

4.2 Grundlagen der Mensch-Hundebeziehung

In allen Kulturen sind enge Beziehungen zwischen Mensch und Tier dokumentiert. Die ***Biophilie-Hypothese*** besagt, dass der Mensch eine über Millionen von Jahren begründete enge Verbundenheit mit den Tieren hat, die mit ihm evolutionäre Prozesse durchlaufen haben und ihn in seinen Entwicklungsprozessen beeinflussten. Es handelt sich dabei um ein komplexes Gefüge, welches neben den Emotionen auch geistige Fähigkeiten, Ästhetik und Spiritualität mit einbezieht. Das Konzept der ***Du – Evidenz*** wurde von dem Sprachphilosophen Karl Bühler geprägt und bezeichnet die Fähigkeit eines Menschen, ein anderes Individuum als „Du“ wahrzunehmen und zur respektieren. Verhaltensforscher, wie beispielsweise Konrad Lorenz, bestätigten die Annahme, dass die „Gewissheit eines Gegenübers“ in ähnlicher Form auf höhere Tiere übertragen werden kann: Der Mensch-Tier Beziehungsalltag beruht auf einer Interaktion im Erleben und Verhalten. Frühe Bindungserfahrungen- und Miss-Erfahrungen im Kindesalter beeinflussen wesentlich die sozio-emotionale Entwicklung eines Menschen. Es gibt Hypothesen, dass Menschen, die keinerlei Beziehungen zu Tieren haben, oder gar z. B. „Hundehasser" sind, in ihrer Kindheit Defizite in ihrer Sozialisierung erfahren haben, also *ohne* vermeintliche „schlechte Erfahrungen" mit Hunden an sich. Ableitungen aus der *Bindungstheorie* wurden von Dr. Andrea Beetz (2003) auf die Mensch-Tier Beziehung übertragen, jedoch nicht als Ergebnis „natürlicher Affinität des Menschen zu belebter Natur", wie sie in der Biophilie Hypothese dargestellt wird, sondern auf der Basis von Lernen und Erfahrungen. Dieser Ansatz begründet u. a. auch die Möglichkeit und Wirksamkeit des Einsatzes von Tieren zu pädagogischen und therapeutischen Zwecken.

Noch nicht engültig wissenschaftlich ergründet ist die Frage, ob und wie *Spiegelneurone* die Beziehung zwischen Mensch und Tier, insbesondere im Hinblick auf die Verbesserung der Stimmung und die Beruhigung, beeinflussen. Als Spiegelneurone werden Nervenzellen bezeichnet, die aktiv werden, wenn ein bestimmter Vorgang (nur) beobachtet wird, die Aktivität jedoch mit einem „Selbst Erleben" gleichzusetzen ist – beispielsweise das Mitlachen, wenn man beobachtet wie anderer Menschen lachen, ohne jedoch selbst den Grund für die Heiterkeit zu kennen. Für einen gegenseitigen Einfluss von Spiegelneuronen zwischen Mensch und Tier spricht auch die Form der Kommunikation, die auf nonverbalen Signalen beruht. Gerade der Hund ist in dieser Kommunikationsform extrem sensibel und kann kleinste Veränderungen in der Mimik, Gestik und Körperhaltung des Menschen erkennen und darauf antworten. Die nonverbale Kommunikation hat gemeinsame, ursprüngliche Wurzeln in der Entwicklungsgeschichte von Mensch und Tier und besitzt eine allgemeine Gültigkeit. Auf diesen Kommunikationsstil wird noch speziell eingegangen. Der Sprachforscher Watzlawick bestätigt, dass das Tier zwar nicht Sprache und Worte versteht, jedoch viel zahlreichere *Analogiekommunikationen* beispielsweise in der Körperbewegung, nichtsprachlicher Laute, Raumposition,

Geruchsausstrahlung, Hautempfindlichkeit und visueller Merkmale, die in ihren Feinheiten oftmals dem Menschen gar nicht zugänglich sind. Vielen Menschen fällt die Kontaktaufnahme zu (fremden) Tieren leichter, da diese keine Bewertungen vornehmen, Vorurteile haben oder Bedingungen zur Interaktion stellen. Tiere sind in ihrer Kommunikation stets unmittelbar, authentisch und rein situationsbezogen. In Gegenwart eines Tieres kann ein Mensch so sein, wie er ist und daraus Schritt für Schritt eine von Vertrauen getragene Beziehung entwickeln. In tiergestützten Interaktionen fungieren Tiere als „Transitionen object" – als Mittler zwischen Mensch und pädagogischem oder therapeutischem Arbeiten. Vertiefend mit diesen Theorien befasst sich das Buch von Vernooij/Schneider „Handbuch der Tiergestützten Intervention" (s. Literaturverzeichnis).

4.3 Hunderassen und -Mix

Die Fédération Cynologique Internationale ist der größte internationale kynologische Dachverband. In einer Liste von 1–10 Gruppen hat er die von ihm anerkannten Hunderassen aufgeführt:

Gruppe 1: **Hütehunde und Treibhunde**

Gruppe 2: **Pinscher und Schnauzer – Molossoide – Schweizer Sennenhunde und andere Rassen**

Gruppe 3: **Terrier**

Gruppe 4: **Dachshunde**

Gruppe 5: **Spitze und Hunde vom Urtyp**

Gruppe 6: **Laufhunde, Schweißhunde und verwandte Rassen**

Gruppe 7: **Vorstehhunde**

Gruppe 8: **Apportierhunde – Stöberhunde – Wasserhunde**

Gruppe 9: **Gesellschafts- und Begleithunde**

Gruppe 10: **Windhunde**

Zu den „beliebten“ Therapiehundrassen zählen der Labrador Retriever, der Golden Retriever, der Cockerspaniel (Gruppe 8) und der Pudel (Gruppe 9). Für die Arbeit als Therapiehund eignen sich jedoch Hunde jeder Rasse (bzw. deren Mixe), vorausgesetzt, sie sind sehr kommunikationsfähig, wesensfest und haben einen ausgeprägten Spieltrieb. Erfahrungen mit behinderten Menschen haben ergeben, dass Hunde mit Gesichtern, bzw. Mimik, die in besonderem Maße dem Kindchenschema entsprechen, eine höhere Akzeptanz haben. Sehr eigenständige Hunde, wie beispielsweise Herdenschutzhunde (Gruppe 1) oder Hunde mit einer größeren Grundaggression, wie beispielsweise der Dobermann (Gruppe 2), sind weniger geeignet. In den Anforderungen an den Therapiehund werden darüber hinaus zwischen einem „aktiven“ und „reaktiven“ Hund unterschieden. Der *aktive* Therapiehund besitzt einen starken Aufforderungscharakter und ist geeignet zur Motivation des Patienten. Der *reaktive* Therapiehund spiegelt die Befindlichkeiten des Patienten und reagiert auf kleinste Signale.
Bereits Hundewelpen können in ihrer frühen Erziehung auf die Aufgaben eines Therapiehundes vorbereitet werden. Für die eigentliche Ausbildung und letztlich auch den Einsatz am Patienten sollte der Hund ausgewachsen sein. Je nach Rasse / Größe dauert dies 1¼–2 Jahre.
Entscheidend für den Einsatz als Therapiehund ist die enge und vertrauensvolle Bindung an seinen Menschen. Somit sind Therapiehunde keine „Einrichtungshunde“ sondern sie gehören zum Therapeuten und leben mit ihm zusammen. Ebenso wenig wie „Therapeut“ eine Eigenschaft ist, ist auch „Therapiehund“ keine. Es ist vielmehr ein (berufliches) Einsatzgebiet. Außer Dienst hat der Therapiehund ebenso ein Privatleben wie sein Mensch und muss nicht „allzeit bereit“ sein. Von „Vorführungen“ des Therapiehund Könnens außerhalb des tatsächlich therapeutischen Settings ist dringend abzuraten!

4.4 Die Sozialisation des Hundes

In den ersten Tagen nach der Geburt ist die körpereigene Thermoregulation bei Hunden nur unvollständig ausgebildet. Wenn die Mutter sie nicht wärmt, suchen die Welpen engen Kontakt zueinander. Wölfe und Hunde sehr selbstständiger Rassen vergrößern ab dem Alter von drei Monaten den Liegeabstand zueinander. Das nahe Fellliegen ist bei vielen Hunden jedoch sehr ausgeprägt und verändert sich im Erwachsenenalter nicht. Die Hunde sind in Bezug auf die Individualdistanz in ihrer Entwicklung stehengeblieben – das Verhalten wird als fetalisiert bezeichnet. Die Toleranz, ja der Wunsch nach *körperlicher Nähe* ist eine wesentliche Voraussetzung für den Einsatz eines Hundes in der Therapie! Ebenso verhält es sich mit der Entwicklung der Sozialdistanz bei heranwachsenden Hunden. Hunde, die gern ihre eigenen Wege gehen und sich bei Spaziergängen wenig über Blickkontakt an ihrem Menschen orientieren, sind schwerer eng an den Menschen – etwa als Begleiter von Rollstuhlfahrern – zu binden. Somit ist auch (ausgeprägtes) Jagdverhalten bei Hunden im therapeutischen Einsatz nicht erwünscht. Je nach Veranlagung des Hundes muss hier in den Phasen der Sozialisation vermehrt korrigierend eingegriffen werden, bevor überhaupt entschieden werden kann, ob sich der Hund für therapeutische Zwecke eignet.

Nach der Neugeborenenphase (0–12 Tage) und der Übergangsphase (2.–3. Woche) bestimmt die Prägephase (4.–7. Woche) entscheidend das Verhalten des Welpen. In dieser Zeit ist es ebenso essentiell, dass der Hund ständigen Kontakt zu seiner Mutter und den Wurfgeschwistern hat, und auch, dass er behutsam (!) in Verbindung mit der Welt der Menschen (und anderer Tiere) kommt. Eine Beschränkung auf die Wurfumgebung, um den Welpen vermeintlich vor Umwelteinflüssen zu „schützen", ist nicht förderlich. In der Rangordnungsphase (13.–16. Woche) ***muss*** der Welpe „Benehmen" lernen! Kein Hund lässt unrespektierliches Verhalten eines Welpen über sich ergehen, nur weil dieser noch so klein und niedlich ist. Insofern muss Mensch seinem Hund ohne Härte, aber mit aller liebevollen Konsequenz beibringen, was akzeptiert wird, und was nicht. Dabei sollte als Leitfaden dienen: Möchte ich, dass mein Hund auch noch dieses Verhalten zeigt, wenn er erwachsen ist? Viele Hundehalter befürchten, ihr Hund würde das Vertrauen zu ihnen verlieren oder sie nicht mehr lieben, wenn sie dem Welpen frühzeitig Grenzen setzen. Das Gegenteil ist der Fall. *Die Bereitschaft des Hundes zur sozialen Unterordnung unter seinen Menschen gehört, gemeinsam mit seiner hohen Spiel- und Lernbereitschaft, zu seinen wichtigsten Eigenschaften.* Gerade die Einbindung in eine stabile Rangordnung schafft für den Hund Vertrauen und gibt ihm Sicherheit. Gefestigt wird dies in der Rudelordnungsphase (bis zum 6. Monat), in der der Welpe vieles (neu) in Frage stellt. Es ist jedoch für den jungen Hund überlebenswichtig immer wieder zu prüfen, ob sein Mensch ein guter Rudelführer ist. Vieles orientiert sich dabei an den Anforderungen einer menschenorientierten Welt, die in vielem so anders ist, als eine Hundewelt.

Man kann jedoch dem Hund diese Phase erleichtern, indem Mensch denkt wie Hund (und auch wie Mensch), wenn er sich über die basalen Kennzeichen eines Rudelführers klar wird. Ein guter Rudelführer: schützt den Hund, sorgt für den Hund (Nahrung, Ruheplatz ...), kommuniziert mit dem Hund, kümmert sich um den Hund (art- und rassegemäße Beschäftigung), fördert seinen Hund, zeigt dem Hund Grenzen, unterstützt den Hund in seinem Sozialverhalten (zu anderen Hunden, Tieren anderer Art und Menschen) – kurzum: versteht seinen Hund. Futter und Spielzeug sind wichtige Ressourcen in der Gestaltung und Festigung der Rudelordnungsphase. Wie beim Menschen, so spielen in der Pubertät auch beim Hund (7.–11. Monat) manchmal die Hormone verrückt. Hier gilt es insbesondere auch mit dem Jagdverhalten umzugehen, das bei jedem(!) Hund angeboren ist – rassebedingt beim einen mehr und beim anderen weniger. Sehr jagdfreudigen Hunden ***muss*** im Spiel mit dem Menschen ein Ersatz geboten werden, wenn vermieden werden soll, dass sie der Schrecken aller Katzen und Hühner in der Umgebung werden. Je nach Rasse ist der Hund mit 1–2 Jahren erwachsen. Sehr große Hunde brauchen länger als Hunde kleiner Rassen.

So entsteht in den Welpen- und Jung Hund-Phasen die soziale Beziehung und die Bindung des Hundes zu seinem Menschen – *die* Grundlage für das Zusammenleben und die weitere Ausbildung des Hundes überhaupt. Hunde sind zum Glück auch noch in erwachsenen Jahren bindungsfähig – etwa wenn sie ihren Menschen verlieren und neue Herrchen und Frauchen gewinnen müssen. *Bindung beruht auf von Mensch und Hund gleichermaßen akzeptierten Regeln des Umgangs – wozu auch fundamentale Rechte des Hundes gehören.* Hierbei spielen auch Rang und Status eine wichtige Rolle. Die Bemühungen des Menschen, sich Autorität beim Hund zu verschaffen und die phasenweise Auflehnung des Hundes dagegen, stellen den wichtigsten Konfliktstoff zwischen Mensch und Hund überhaupt dar. Der Mensch versucht die Freiheit des Hundes unablässig einzuschränken und der Hund versucht seinerseits seine Bewegungs- und Verhaltensfreiheit erneut auszudehnen. Hier Stabilität und Vertrauen zu gewährleisten, liegt in der wichtigsten Verantwortung des Menschen. Die Mehrheit aller gestörten Mensch-Hund Beziehungen sind darauf zurückzuführen, dass der Mensch unfähig ist, eine klare und stabile hierarchische Rangordnung aufzubauen und zu halten. Hunde, die in diesem Sinne keine fundierte Sozialisation erhalten haben, sind als Therapiehunde nicht geeignet.

4.5 Kommunikation

Die Fähigkeit des Hundes Nuancen in Mimik, Gestik, Körperhaltung, Geruch, Stimme und Stimmungslage zu erkennen und richtig zu deuten, übersteigt vieles wozu wir Menschen in der Lage sind in unserem Bemühen, Mitmenschen zu erkennen. Diese Kommunikation entspricht der nichtverbalen Verständigung, die sonst meist nur zwischen sehr vertrauten Menschen existiert. Auf dieser Kommunikationsebene entwickelt der Hund erst soziale Beziehungen und darauf basierend auch seine Fähigkeiten, Eigenarten und seine Identität. Erst dies macht ihn zu einem hündischen Sozialpartner, indem die individuelle Entfaltung des Hundes zur Bereicherung unseres Lebens wird. Der Mensch muss sich bewusst machen, dass der Hund vom ersten Augenblick an von ihm lernt und dass Hund schnell durchschaut, wenn Mensch nicht authentisch ist. Erst darauf aufbauend kommunizieren Mensch und

Hund über weitere erlernte Signale. „Sitz, Platz, Bleib, Komm" und dergleichen fördern und festigen die Mensch-Hundebindung, aber sie sind (nur) die Spitze des Eisberges. Im Wolfs- und Wildhunderudel ist Kommunikation überlebenswichtig. Erfolgreiches Jagen, die Aufzucht der Jungen, das Austragen und Bereinigen von Konflikten, die Durchsetzung und Einhaltung der Position des Ranghöchsten – alles beruht transparenter und differenzierter Kommunikation. Doch nicht nur das Senden von Signalen ist von Bedeutung – auch das Empfangen und vor allem Verstehen dieser Signale. Während Hund alles daran setzt, in seinem Menschen zu lesen, wie in einem Buch – und wir auch selbstverständlich erwarten, dass er so schnell wie möglich Lob und Tadel begreift, gibt Mensch sich oftmals wenig Mühe um Verständnis – oder – noch schlimmer – interpretiert Signale nur aus *seiner* Sicht und somit falsch.
Im Kapitel „Calming Signals" gehe ich auf speziell hündische Kommunikation ein.
Die Hundenase dominiert die Sicht auf die Welt. Die Hundewelt besteht nicht aus Bildern sondern aus Düften. Gleichwohl verfügen Hunde über ein weitaus differenzierteres Gehör als der Mensch. Hunde leben in der Welt der leisen Töne. In der Ausbildung von Therapiehunden ist Flüstern angebracht – nicht zuletzt auch zum Wohle der Patienten, die sich durch allzu laute Kommandos an den Hund irritiert fühlen können. Hunde sehen anders als wir. Für sie sind Farben weniger wichtig, von Bedeutung ist jedoch die Wahrnehmung von Bewegungen. Therapiehunde können lernen, auch sog. pathologische Bewegungsmuster beim Menschen zu erkennen und im Hinblick auf die menschliche Befindlichkeit einzuordnen. Spüren ist für den Hund auch eine wichtige Ebene der Kommunikation. Abgesehen von den Tasthaaren zur Orientierung in dunkler Umgebung, sind Fell- zu Fellkontakte und Schnauzenkontakte ebenso aufschlussreich wie genussvoll – für Mensch und Hund. In diesem Zusammenhang möchte ich darauf hinweisen, dass der Kontakt zwischen Hundeschnauze und dem *geschlossenen* Mund eines Menschen (sofern Hund nicht kurz vorher eine Maus oder dergleichen gefressen hat), nicht unhygienischer ist als ein Zungenkuss.

Zur Körpersprache gehören entsprechend die Körperhaltung, die Mimik, die Ohren, die Lefzen, die Augen, der Schwanz und die Rückenhaare.
Hunde verfügen zudem über eine differenzierte Lautsprache wie Bellen, Knurren, Jaulen, Winseln und Wuffen. Auf das Bellverhalten wird noch gesondert eingegangen. Leider wird die Lautsprache der Hunde Seitens der Menschen als wenig differenziert und meist als Lärmbelästigung verstanden. Auch von den meisten Therapiehunden wird erwartet, ohne Lautäußerungen ihre Arbeit zu tun, um Patienten nicht zu erschrecken. Schade. Viele Patienten können auch die Lautsprache der Hunde lernen und sie verstehen. Das Kapitel Body Talk beschäftigt sich speziell mit der Körpersprache zwischen Hund und Mensch.

Man beachte die Handstellung von Frau Weyl. Diese kleine Geste zeigt Linus, dass er sich ihrem Mund nähern darf – anderenfalls wäre es übergriffig, dem Rudelchef seine „Beute“ streitig zu machen.

Für den Hund bedeutet dies, ebenso wie für den Menschen, eine vertrauensbildende Maßnahme, denn Hund „weiß" nicht, dass Menschenbisse relativ harmlos wären.

4.6 Das Lernverhalten des Hundes

Unter Lernen versteht man den absichtlichen und den beiläufigen Erwerb von geistigen, körperlichen, sozialen Kenntnissen, Fähigkeiten und Fertigkeiten. Daraus folgt eine relativ stabile Veränderung von Verhalten, Denken und Fühlen. Für Mensch und Tier ist die Fähigkeit zu Lernen eine Grundvoraussetzung dafür, sich den Gegebenheiten der Umwelt anpassen zu können. Hunde lernen hervorragend durch Spiel. Je verspielter ein Hund auch und gerade im Erwachsenenalter ist, desto höher ist seine Bereitschaft, Neues hinzuzulernen. Im Gegensatz zur natürlichen Umgebung eines Wolfs- oder Wildhunderudels, können die Umweltbedingungen eines Hundes durch seine Anpassung an den Menschen immer wieder deutlich verändert werden – denkt man nur beispielsweise an Wohnungswechsel oder veränderte Lebensbedingungen vom Land zur Stadt. Spiel- und Lernbereitschaft sind beim

Hund infantilisiert – also durch Zuchtauslese absichtlich im Zustand eines Junghundes erhalten. Außerdem besteht ein Zusammenhang zwischen Selbstständigkeit und Lernwilligkeit. Je stärker die Verjugendlichung des Hundes ist und je abhängiger ein Hund von seinem Menschenrudel ist, desto stärker ist er sozial motiviert, neue, durch den Menschen provozierte Eindrücke zu erfassen und zu akzeptieren. Somit ist Lernfähigkeit *zunächst* weniger eine Frage der Intelligenz. Verspielte Hunde sind lernbereite Hunde. Definiert man Intelligenz als die grundsätzliche Fähigkeit, sich an verändernde Bedingungen anpassen zu können, so ist es notwendig, den bereits jungen Hund mit verschiedenen Bedingungen zu konfrontieren – allerdings wohldosiert! Möchte ich meinem jungen Hund Erfahrungen mit öffentlichen Verkehrsmitteln beibringen, so ist es sicher besser, die erste Bus- oder Bahnfahrt an einem ruhigen Sonntagmittag zu absolvieren, als freitagsnachmittags in der rush hour. So gehört es auch zu den Vorbereitungen eines angehenden Therapiehundes, die Nähe von Menschen mit Behinderungen zu suchen und freundliche Kontaktaufnahme zu unterstützen. Auch Rollstühle, Rollatoren und dergleichen sollten zum Alltag eines Hundes gehören. Sanitätshäuser sind meist bereit (ausrangierte) Rollstühle für eine gewisse Zeit auszuleihen, damit der Hund Gelegenheit hat, diese in häuslicher Umgebung kennenzulernen. So lässt sich zunächst festhalten, dass Spiel und multiple positive Erfahrungen mit verschiedenen Umgebungsbedingungen die besten Voraussetzungen für Lernen sind. Hunde lernen ***immer***. Meist geschieht dies ohne bewusste Absicht des Menschen. Ruft Mensch den Hund und setzt sein Kommando nicht durch, lernt Hund, es zu ignorieren. Bettelt der Hund und Mensch füttert, lernt Hund den Menschen zu manipulieren. Reagiert Mensch ängstlich auf die Begegnung mit anderen Hunden und hält den Hund zurück, lernt Hund, hier eine Gefahr zu sehen. Usw. usw. Aber auch beim beabsichtigten, intentionalen, Lernen wird vieles mitgelernt: Geräusche der Umgebung, räumliche Situationen, Stimme und Stimmung des Menschen, Belohnung oder Belohnungsentzug. Mensch lernt auch. Mensch lernt von seinem Hund, welche Ausbildungsansätze ihn erreichen und welche nicht. Lernen ist ein Deal: Ich verspreche zu lehren, du versprichst zu lernen. Bemühungen *beiderseits* sind notwendig, um erfolgreich zu lernen. Und: kein Hund ist wie der andere. Hündisches Lernen erfolgt meist über ähnliche Lernprozesse. Dazu gehören: Die Prägung (in hierfür sensiblen Phasen der Hundeentwicklung). Einfache Anpassungen, die als Sensitivierung und Habituation (Gewöhnung) bezeichnet werden. Komplexer ist das assoziative Lernen. Assoziation heißt, zwei Komponenten miteinander zu verknüpfen. Die bekanntesten Arten des assoziativen Lernens sind die klassische Konditionierung und die operante Konditionierung. Bei der klassischen Konditionierung wird ein ursprünglich neutraler Reiz mit einer Bedeutung versehen. Bei der operanten Konditionierung wird ein bestimmtes Verhalten mit Bedeutung belegt. Weitere Lernformen sind das Lernen am Erfolg, sowie Generalisierungs- und Diskriminationslernen. Komplexere Lernsituationen können in Einzelschritte zerlegt und somit geformt werden. Man bezeichnet dies als Shaping.

4.7 Calming Signals

Hunde sind Raubtiere und ihre Schnauzen und Zähne sind äußerst wehrhaft. Hunde haben Interesse an Deeskalation. Sie haben gelernt, sich an andere Arten anzupassen und ernsthafte Konflikte zu vermeiden. Auch im Wolfs- und Wildhunderudel bestehen permanent Bemühungen, „den Ball flach zu halten". Beißereien führen zu Verletzungen oder zum Tode und schädigen die Wehrhaftigkeit und das Überleben des Rudels insgesamt. Zu diesem Zwecke bedienen sich die Hunde bestimmter Ausdrucksverhalten über ihre Mimik und Körpersprache. Die norwegische Hundetrainerin Turid Rugaas hat diese Beschwichtigungssignale als „Calming Signals" bezeichnet. Hunde senden Calming Signals auch aus, wenn sie beunruhigt oder irritiert sind. Neben dem Verhindern von Spannungen dienen Calming Signals auch dazu, Stress abzubauen und als solche sind sie insbesondere für die Ausbildung und den Einsatz von Therapiehunden interessant. Kritik an der „Calming Signal Theorie" entsteht vor allem, wenn diese Signale rezepthaft im Einsatz als „Gießkannenprinzip" verstanden werden. All diese Sig-

nale werden auch noch zu anderen Zwecken eingesetzt, sind also als doppelt belegte Signale zu verstehen.
Gähnen ist beispielsweise ein Calming Signal. Der Hund gähnt aber auch, wenn er müde ist. Ebenso kann sich kratzen ein Beschwichtigungssignal sein, oder der Hund kratzt sich eben nur, weil es ihn gerade juckt. Die Fähigkeit zum Einsatz der Calming Signals ist genetisch festgelegt und allen Hunderassen zu eigen. Zuchtbedingt können aber manche Rassen auf Grund zu langer Haare, zu platter Schnauzen oder kupierter Schwänze diese Signale nur unzureichend senden und nicht erfolgreich nutzen. *Ob Calming Signals vorliegen, muss immer durch genaue Beobachtung des Kontextes entschieden werden*. Ein wacher, aufmerksamer und spielbereiter Hund wird vermutlich Gähnen eher als Calming Signal einsetzen, als dass davon auszugehen wäre, dass er gerade müde sei. Zu den Calming Signals zählen u. a.:

- Gähnen
- den Kopf abwenden
- sich abwenden (ganzer Körper)
- Züngeln, also sich über die Nase lecken
- auf dem Boden schnüffeln (ohne erkennbaren Grund)
- Pfote heben
- sich kratzen
- Augen zusammenkneifen
- erstarren / einfrieren
- langsame Bewegungen
- Vorderkörper tiefstellen (sich strecken)
- sich hinsetzen oder hinlegen

In der Ausbildung und im therapeutischen Prozess ist das Erkennen solcher Signale essentiell, um den Hund nicht zu überfordern. Ich habe die Erfahrung gemacht, dass auch der Mensch einige dieser Calming Signals einsetzen kann. Beispielsweise Gähnen, sich seitlich drehen oder das Heben eines Fußes sind dafür geeignet. Der Hund lernt die Calming Signals beim Menschen, indem der Mensch das vom Hund gegebene Signal beantwortet, also gleichfalls „pfötelt" oder den Kopf abwendet. Eine so gefestigte Kommunikation erlaubt während eines therapeutischen Einsatzes den intensiven und nonverbalen Kontakt zu dem Hund. Während sich der Therapeut verbal auf den Patienten konzentriert, kann er nonverbal mit seinem Hund arbeiten und beruhigende Signale setzen. Wie jede Art von „Sprache" muss auch diese flüssig beherrscht werden, bevor sie wirklich in der Praxis taugt. Viele Calming Signals bei Hunden sind flüchtig und auf den ersten Blick für Menschen kaum wahrnehmbar. Die Beobachtung und Beantwortung dieser Signale sollte mit vielen Hunden trainiert werden, damit sich eine gewisse Routine einstellt. Wie schon im Punkt „Kommunikation" beschrieben, spielt vor allem die Körperhaltung in der Arbeit mit Hunden eine große Rolle. Ihr widmet sich das nachfolgende Kapitel.

Gemeinsames „Pföteln“ von Chakotay (links) und Frauchen (rechts), während die Aufmerksamkeit der Hunde auf den Blickkontakt gelenkt wird.

Freigabe. Die Hunde bekommen ihr begehrtes Goodie. Frauchen bleibt „pfötelnd“: Anspringen erlaubt.

Auch die Kopfhaltung spielt eine entscheidende Rolle. Frauchens Kopf ist in freundlicher Geste zur Seite geneigt und Kuckunniwi hat genügend Freiraum, seine Übung zu zeigen.

4.8 Body Talk

Body Talk ist – Körpersprache. Nicht nur Hunde, auch wir Menschen sprechen durch unsere Körper und – insbesondere im therapeutischen Prozess – sollten wir auch mit dem Körper des Patienten sprechen. Viele, wenn nicht alle Erkrankungen, finden auch ihren Ausdruck in veränderter Körpersprache. Hunde sind Meister der Körpersprache – nicht nur ihrer eigenen, sondern auch im Verstehen des Menschen.

Ramona Teschner und Gabriele Metz haben zum Thema Körpersprache für Hundehalter das Buch „Body Talk“ veröffentlicht. Es gibt vielfältige Möglichkeiten mit Körpersprache zu kommunizieren. Hunde sind augenorientiert. Sie drücken selbst über ihre Augen ihre Befindlichkeit aus (s. auch Calming Signals) und der Mensch kann über seine Augen eine freundliche Einladung an den Hund signalisieren. Dass Augen lächeln setzt voraus, dass die innere Grundhaltung des Menschen stimmt. Der Mund kann eher Lächeln simulieren, als die Augen. „Funktioniert“ der Hund in der Ausbildung nicht so, wie Mensch es sich vorstellt, verliert sich schnell das Lächeln der Augen. Die Mimik wird verkniffener und der Hund verliert die Leichtigkeit im Umgang mit dem Menschen. Darüber muss Mensch sich im Klaren sein. Eine neutrale oder eine grimmige Mimik des Menschen haben jedoch auch einen wichtigen Einfluss auf die Erziehung. Mit neutraler Mimik ignoriert Mensch den Hund, zeigt ihm, dass bis jetzt alles ok ist und der Hund sich mit sich selbst beschäftigen kann. Analog zum Zähnefletschen des Hundes kann und soll auch der Mensch deutlich grimmig schauen, wenn Hund Grenzen überschreitet. Blicke sind mächtiger, als sich Mensch vorstellen kann. In der Arbeit mit Hunden sollte daher auf Sonnenbrillen verzichtet werden, da sie den Ausdruck der Augen behindern. Neben der Blickart- und Richtung ist die Kopfhaltung von Bedeutung. Ein Abwenden des Kopfes beim Hund bedeutet ein Beschwichtigungssignal. Wenden Menschen den Kopf ab, so beabsichtigen wir damit unser Missfallen auszudrücken. Hier können Missverständnisse vorprogrammiert sein. Den Kopf zu senken signalisiert Freundlichkeit und bietet dem Hund die Möglichkeit über „Lefzenlecken“ seine Zuneigung auszudrücken. Das Lefzenlecken – vielfach als „Kuss“ missinterpretiert – ist für den Hund ein wichtiges Signal um seine Harmlosigkeit zu zeigen. Bei keiner anderen Geste erhitzen sich die Gemüter so, wie bei dieser – geht es um die Frage der Hygiene. Wer das Belecken des Gesichtes nicht mag, oder sich über den Gesundheitszustand des Hundes nicht im Klaren ist, kann die Unterseite seines Kinns, bzw. die Seite seines Halses anbieten. Dem Hund das Lefzenlecken grundsätzlich zu verwehren, halte ich im Interesse der vertrauensvollen Kommunikation für problematisch. Viele Hundeführer machen den Fehler, stets mit zum Hund geneigten Kopf zu arbeiten. Wenn ich aber als Mensch bestimme, wo es langgeht, blicke ich auch „hoch erhobenen Kopfes“ geradeaus. Der Blick des Hundeführers geht in die Richtung der erwünschten Bewegung. Desgleichen wendet sich der Oberkörper in diese Richtung – oft auch gefolgt vom Arm und der entsprechenden Handbewegung. Als sehr gutes Training in der Therapiehundeausbildung hat sich auch das Longieren des Hundes erwiesen. Analog zum Longieren eines Pferdes zeigen Schulter und Hand in die Bewegungsrichtung. Der Hund lernt, diesen Signalen (ohne oder mit nur minimaler verbaler Unterstützung) zu folgen, eine wichtige Voraussetzung dafür, sich im therapeutischen Setting sicher zu bewegen. Ebenso wie Schulter, Arme, Hände können auch die Beine Bewegungsrichtungen vorgeben, bzw. auch dem Hund Raum geben oder Raum begrenzen. Hunde kennen die T-Stellung, bei der der imponierende Hund den anderen dadurch begrenzt, indem er sich quer zu ihm stellt. Menschen neigen dazu, sich nach vorne – unten zu beugen, wenn sie einen Hund streicheln. Insbesondere bei kleinen Hunden kann diese Körperhaltung sehr beängstigend wirken. Wird zudem der Kopf getätschelt, kann dies für den Hund sehr irritierend wirken, denn Berührungen auf dem Kopf werden von Hunden als bedrohlich empfunden.

Abschließend sei noch das Atmen erwähnt. Hunde drücken über ihren Atem Entspannung oder Stress aus. Bewusstes tiefes Einatmen des Hundeführers verbunden mit dem „sich-größer-machen“ unterstreichen in der Hundeerziehung die Forderung nach Gehorsam. Eine ruhige, gleichmäßige Atmung wirkt sich auch beruhigend auf den Hund aus. Der Therapeut ***muss*** darauf achten, dass er in der Behandlungssituation ruhig und gleichmäßig atmet, was sowohl positiven Einfluss auf den Patienten, als auch auf den Co-Therapeuten Hund hat.

Vertrauen in Herrchen. Ein Hinlegen und „Bäuchlein zeigen" gelingt nur, wenn Herrchen Dominanzgesten vermeidet. So beugt er sich nicht über den Hund und hält ein begehrtes Leckerli in der Hand, das Loki unmittelbar bekommt.

Hier wird Loki Schutz geboten, ohne ihn einzuengen.

4.9 Spielen

Wie schon mehrfach erwähnt (und gar nicht oft genug zu erwähnen), ist einer der wichtigsten, wenn nicht sogar *der* wichtigste Schlüssel zur Ausbildung das Spiel.

„Spiel (von althochdeutsch: *spil* für „Tanzbewegung") ist eine Tätigkeitsform, Spielen eine Tätigkeit, die zum Vergnügen, zur Entspannung, allein aus Freude an ihrer Ausübung, aber auch als Beruf ausgeführt werden kann (Theaterspiel, Sportspiel, Violinspiel). Es ist eine Beschäftigung, die oft in Gemeinschaft mit anderen vorgenommen wird. Ein Großteil der kognitiven Entwicklung und der Entwicklung von motorischen Fähigkeiten findet durch Spielen statt, beim Menschen ebenso wie bei zahlreichen Tierarten. Einem Spiel liegen oft ganz bestimmte Handlungsabläufe zugrunde, aus denen, besonders in Gemeinschaft, verbindliche Regeln hervorgehen können. Die konkreten Handlungsabläufe können sich sowohl aus der Art des Spiels selbst, den Spielregeln (Völkerball, Mensch ärgere Dich nicht) oder aber aus dem Wunsch verschiedener Individuen ergeben, gemeinschaftlich zu handeln (Bau einer Sandburg)." (URL: http://de.wikipedia.org/wiki/Spiel; Stand: 31.12.12)

An dieser Definition gefällt mir am besten der Hinweis, dass sich unser Wort „Spiel" vom althochdeutschen „Spil" im Sinne eine Tanzbewegung ableitet. Mit Tanz verbinden wir Harmonie. Exzellenten Tanzpaaren sehen wir nicht an, wann wer wie führt. Uns präsentiert sich eine vollendete Abstimmung. Darauf wollen wir im Training unseres Ergodogs hinaus. Ein Führen durch den Menschen, das sich letztlich im Gesamtkontext kaum bemerkbar macht. Natürlich hat Hund nicht die Disziplin, wie etwa ein Partner beim Tanzturnier. Im Gegensatz zum Menschen kann Hund sich nicht „zusammenreißen" und gegen seine aktuelle Befindlichkeit agieren. Wenn er jedoch agiert, dann mit voller Authentizität und eben gar nicht (im schlechten Kontext) „gespielt". Im Baustein III zur Grundausbildung des Hundes gehe ich im Kapitel „Spielen" zusätzlich auf das Thema „Verstärken" ein. Denn unser Spiel in der Hundeerziehung soll per definitionem sowohl der Entspannung und dem Vergnügen dienen, als auch der „Berufsausbildung" des Ergodogs, indem spezielle Fähigkeiten entwickelt werden, Handlungsabläufe trainiert werden und sich Spielregeln entwickeln. Um diese Spielaspekte zu festigen, müssen sie verstärkt werden. Als Verstärker zählen Lob, Körperkontakt, Goodies, Entspannungsspiele, Pausen und der Gleichen mehr. Die Diskussion, ob man stets oder überhaupt mit Goodies arbeiten soll oder auch nicht erübrigt sich meines Erachtens komplett, weil die Frage der Verstärker keine absolute Größe ist, sondern von den Motivatoren des Hundes abhängt.

Das natürliche Verhalten von Chakotay, nach dem Futter in der Hand zu springen, kann – wie hier – zu einem tricky „Gimme five" geformt werden.

4.10 Bellen

Bellen ist eine Form der Lautäußerung des Hundes, in der er sich vom Wolf unterscheidet. Bellen dient der Kommunikation der Hunde untereinander und zwischen Hund und Mensch. Im Gegensatz zu Lautäußerungen anderer Tiere, wie das Maunzen der Katzen, das Wiehern der Pferde, das Gackern der Hühner, das Muhen der Kühe oder das Zwitschern der Vögel, wird das Bellen der Hunde von den meisten Menschen als unerwünscht erklärt und den Hunden häufig ohne nachvollziehbaren Grund untersagt. Hundehalter berichten, dass sie sogar Schwierigkeiten haben, eine Wohnung zu finden, da der Vermieter das Bellen des Hundes befürchtet. Obgleich Hunde neben Katzen zu den beliebtesten Haustieren zählen, hat Mensch sich bisher wenig Mühe gemacht, das Bellen seines Hundes zu verstehen. Neben dem Bellen gibt es noch das Winseln, das Jaulen, das Knurren und das Wuffen als Kommunikationssignale, das ebenso wenig auf Verständnis stößt. Die norwegische Verhaltensforscherin Turid Rugaas hat ein Buch dem Bellverhalten des Hundes gewidmet. Darin beschreibt sie völlig zu Recht, dass jenes Bellverhalten, das Mensch als unerwünscht erlebt, meist durch das *Fehlverhalten* des Menschen (!) konditioniertes Bellen ist. Rassebedingt gibt es bellfreudige und weniger bellfreudige Hunde. Auch und gerade bellfreudige Hunde kann man sich therapeutisch zu Nutzen machen, indem der Hund das „Signal-Bellen" erlernt, beispielsweise als Bestätigung für korrekte Bewegungs- oder Handlungsabläufe des Patienten. Dem Hund das Bellen grundsätzlich untersagen zu wollen, ist ebenso wenig aussichtsreich und vor allem keineswegs artgerecht, wie einem Pferd das Wiehern abzugewöhnen oder einem Vogel das Zwitschern. Vielmehr ist es wichtig, erstens die Bellformen voneinander zu unterscheiden, zweitens, erwünschtes Bellverhalten zu lenken und drittens, unerwünschtes Bellverhalten gar nicht erst durch Fehlerziehung zu konditionieren. Folgende Bellverhalten lassen sich unterscheiden:

Freudengebell- bzw. Erregungsbellen zeigt Ihr Hund wenn er sich: freut. Völlig sinnlos, ihm dieses zu untersagen. Aber, Sie können diese Bellphase verkürzen, indem Sie sich mit ihm freuen und dann durch

ein deutliches Abbruchkommando wie „Gut, jetzt reicht's" mit entsprechender Gestik das Bellen beenden. Bellt der Hund dennoch weiter, wird er gemaßregelt, beispielsweise durch den „Schnauzengriff". Freudenbellen sind hohe, schnell aufeinander folgende Belllaute und (!) im Kontext mit einem starken Bewegungsdrang des Hundes. Anders das ***Warnbellen***. Dies ist die nützlichste und ursprünglich am meisten vom Menschen erwünschte Bellform, denn sie zeigt rechtzeitig eine potentielle Gefahrenlage an. Daher sollten Sie das Bellen ernstnehmen und gemeinsam mit dem Hund nachschauen, was los sein könnte. Das Warnbellen ist ein meist einmaliges scharfes Bellen. Übernimmt sofort der Mensch als Rudelchef die Situation, hört Hund mit der Warnung auch schnell auf. Wird der Hund jedoch ignoriert, wiederholt und steigert sich das Warnbellen in unerwünschtes Fehlverhalten. Es ist insofern auch wichtig, auf das Warnbellen sofort zu reagieren, weil Hund lernen muss, wovor er zu warnen hat – und wovor nicht mehr – beispielsweise die Schritte des Nachbarn im Treppenhaus. Hier lässt sich dann das Warnbellen auf ein kurzes Warnwuffen reduzieren, was auch weniger „lärmbelästigend" ist.
Ein mehrmaliges tiefes scharfes Bellen, begleitet von Knurrlauten ist das ***Verteidigungs- und Bewachungsbellen***. Dies zeigt bereits der junge Hund, wenn er sich in für ihn unüberschaubaren Situationen befindet – beispielsweise im Dunkeln, in fremder Umgebung und wenn Menschen sich für ihn nicht berechenbar bewegen oder für ihn ungewohnt gekleidet sind. Grundsätzlich reagiert Mensch, wie beim Warnbellen, er nimmt den Hund ernst und signalisiert, dass es nun die Situation übernimmt. Diese Bellform kann, wenn erwünscht, durch positive Konditionierung weiterentwickelt werden, etwa wenn der Hund tatsächlich ein Gelände bewachen soll oder als Schutzhund ausgebildet wird. Hund zeigt auch das Bewachungsbellen, wenn er spürt, dass sich sein Mensch in einer ängstlichen oder beunruhigten Stimmung befindet (denken Sie an das Prinzip der Stimmungsübertragung). Auch wenn es Mensch dann unangenehm ist, dass er quasi zugeben muss, dass er sich in der Situation unwohl gefühlt hat – er muss seinen Hund loben, und dann das weitere Bellen unterbinden.

Zwei weitere Bellformen sind in der Tat zu vermeiden und wenn sie auftreten ist (meist) der Mensch mitverantwortlich:
Das *Angstbellen* – gekennzeichnet durch ein sehr hohes, anhaltendes wauwauwauwauwau ..., das mit Jaulen unterbrochen wird. Und das ***Frustrationsbellen***, ein eher tiefes, eintöniges und ggf. stundenlang anhaltendes wau–wau–wau–wau–wau ...
Das Angstbellen kann bei (jungen) Hunden auftreten, wenn sie mit einer Situation überfordert sind und eben – Angst haben. Auch hier ist Mensch gefordert, Hund die Angst zu nehmen, indem er mutig vorangeht, oder beängstigende Gegenstände / Personen / Situationen (wie etwa den Tierarztbesuch) positiv besetzt. Angstbellen, das sich dann in Frustrationsbellen verändern kann, tritt auch auf, wenn der (junge) Hund zu früh oder zu lang alleingelassen wird. Diese Problematiken müssen speziell therapiert werden und es würde den Rahmen dieses Buches sprengen, noch näher darauf einzugehen.
Hiermit ist der Baustein II beendet, der Ihnen, liebe Leser Einblicke in das Hundeleben gegeben hat. Wenden wir uns nun dem Baustein III zu, in dem es um die Grundausbildung des Hundes geht, die jeder Hund durchlaufen muss und die zudem die Basis jeder weiteren Ausbildung bietet – auch die des Therapiehundes.

5. Baustein III – Die Grundausbildung des Hundes

- Vertrauensbildende Maßnahmen
- Liebevolle Konsequenz
- Gehorsam als Gewöhnung
- Spielen und Verstärken
- Loben, Ignorieren, Verweisen
- Sicheres Abrufen
- Sitz, Platz, Steh und Bleib
- Gehen an der lockeren Leine
- Gehen in Freifolge
- Parcours

5.1 Vertrauensbildende Maßnahmen

Zu Beginn einer jeden Ausbildung steht ein Versprechen: Ich verspreche zu lehren und du versprichst zu lernen. Die Grundlage dieses Versprechens ist Vertrauen. Viele Hunde haben wenig Vertrauen zu ihren Menschen und noch mehr Hundebesitzer haben wenig Vertrauen zu ihrem Hund. Dieses Vertrauen muss von beiden Seiten erarbeitet werden und stellt einen zeitlich dauernden Prozess dar. Intensiviert werden kann dieses Prozess durch vertrauensbildende Maßnahmen. Hierzu gehören unter anderem viel Fell- zu Fellkontakt, Tolerieren des Lefzen Leckens durch den Hund, Sicherstellung der Ressourcen wie Futter und Ruheplätze und viel art- , alters- und rassegerechte Beschäftigung, wozu auch gemeinsame Spaziergänge gehören, die nicht nur dem Zweck dienen, dass Hund „Gassi geht", sondern, dass Mensch und Hund gemeinsam etwas unternehmen. Wie nun diese vertrauensbildenden

Maßnahmen in der Praxis aussehen, darüber scheiden sich die Geister. Da gibt es die Minimalformalisten und die Übertreiber. Bei Minimalformalisten schläft der Hund beispielsweise im Flur im Korb und darf bestimmte Räume, wie das Schlafzimmer nicht betreten. Bei den Übertreibern besitzt Hund diverse fürstlich ausgestattete Körbchen, edelste Näpfe und gerne auch mal das eine oder andere schmückende Accessoire. In der Mitte stehen die Menschen, die sich fragen, ob Hund im Bett schlafen darf und vom Tisch gefüttert wird oder nicht. Letztlich muss der Mensch es ausbalancieren, wie die Vertrauensbildung beim Hund aussehen muss – sprich – was einerseits der Hund rassebedingt braucht und womit sich der Mensch noch wohlfühlt. Ich halte, zumindest in den ersten 2–3 Wochen der Eingewöhnung, den Fell- zu Fell Kontakt für essentiell. Soll der Hund nicht in meinem Bett schlafen, so schlafe ich die erste Zeit neben dem Hund, beispielsweise auf einer Luftmatratze. Über den positiven Einfluss auf die Mensch-Hundebindung durch den Schnauzen-Kontakt habe ich schon mehrfach gesprochen. Futter ist eine wichtige Ressource und sollte daher vielfältig angewendet werden. Dem Hund zu gewissen Zeiten einfach den gefüllten Napf hinzustellen genügt sicher nicht. Futter kann vom Hund erarbeitet werden, beispielsweise durch die Nutzung eines „Futter-Dummys“, der mit Futter gefüllt und verschlossen und dann geworfen wird. Apportiert der Hund den Dummy, darf er etwas Futter daraus fressen. Der Vorgang wiederholt sich, bis der Dummy leer ist. Vor allem in der Eingewöhnungsphase, und später von Zeit zu Zeit, sollte das Futter direkt aus der Hand gefüttert werden. Auch setze ich mich gerne neben den Hund und esse vor seinen Augen und gebe ihm manchmal etwas ab, manchmal aber auch nicht. Hund und Mensch sollten – unabhängig von der nächtlichen Schlafenszeit – einen gemeinsamen Ruheplatz haben – beispielsweise das Sofa oder ein bestimmter Sessel. Allerdings ist es hierbei wichtig: Wenn Hund in erhöhter Liegeposition ist und Mensch kommt, muss Hund zunächst weichen, dann darf er sich wieder dazu legen. Dies fördert auch die Stabilität der Rangordnung. Und last but not least: schmusen, schmusen und nochmals schmusen. Analog des Zitates von Astrid Lindgren: Man kann nichts in einen Hund hineinzwingen, aber man kann vieles aus ihm herausstreicheln.

Viele Rudelchefs machen den Fehler „außen vor“ zu bleiben, wenn Hunde sich treffen. Von einem zuverlässigen Rudelführer wird jedoch erwartet, dass er das Rudel lenkt ...

... und sich auch mittendrin befindet.

5.2 Liebevolle Konsequenz

„Umgangssprachlich beschreibt 'konsequent' u.a. die Zielstrebigkeit des Handelns einer Person (...). Erzieherische Konsequenz bezeichnet pädagogisch angemessene, spürbare Folgen (Konsequenzen) zum Verhalten eines *Hundes**, insbesondere lernwirksame Belohnungen für gutes Bemühen, lehrsame Erfahrungen und eine Vermittlung von Erfahrung durch verständliche Hinweise. Nicht dazu gehören unangemessene Folgen (schädigende Konsequenzen, als hart angesehene Strafen oder auch Konsequenzen, die mit dem Verhalten des *Hundes** in keinem für *den Hund** ersichtlichen Zusammenhang stehen)." (In Anlehnung an URL: http://de.wikipedia.org/wiki/Konsequenz; Stand 01.01.13) **Anm. d. Verf.: das Wort „Kind" wurde durch „Hund" ersetzt.*

Über Konsequenz wird viel geredet und viel wird missverstanden. Aus der vorangegangenen und von mir etwas abgewandelten Definition lassen sich zwei Punkte besonders festhalten: Erstens die ***Zielstrebigkeit des Handelns***. *Sie* als Rudelführer müssen wissen was Sie wollen und *müssen* dies zielstrebig verfolgen. Dabei ist es oft unangenehm zu erfahren, dass Hund etwas nur deswegen nicht tut, weil Mensch inkonsequent war. Hunde sind nicht höflich. Sie behaupten nicht, etwas verstanden zu haben, nur um den Lehrer nicht zu frustrieren oder in der Hoffnung, dass jetzt Pause ist. Anders gesagt, wissen Sie nicht wirklich was Sie wollen oder wissen Sie nicht sicher *wie* Sie es erreichen, dann lassen Sie's lieber und holen sich Rat. Zweitens: ***keine unangemessenen, schädigenden Konsequenzen***. Tadel oder Strafe im weitesten Sinne können erst erfolgen, wenn Hund die Aufgabe verstanden hat, aber dennoch der Aufforderung nicht nachkommt. Während des Lernprozesses wären restriktive Maßnahmen ausgesprochen schädlich, denn der Hund kann ja noch nicht wissen, wofür er getadelt wird. Besonders problematisch wird diese Inkonsequenz, wenn Mensch einfach ungeduldig oder ärgerlich ist, weil Hund so schwer von Begriff ist. Vergessen Sie nicht: Ihre Frustration überträgt sich auf die Stimmung des Hundes – keine gute Lernatmosphäre! Es ist völlig in Ordnung, wenn Mensch und Hund einmal „schlecht drauf" sind und daher das Training für einen

Tag oder auch einige Tage unterbleibt. Auch das gehört zur liebevollen Konsequenz: zielgerichtet auf gewisse Übungen zu verzichten, weil es eben gerade einfach nicht passt.

5.3 Gehorsam als Gewöhnung

Es ist völlig sinnlos, dem Hund nur in bestimmten Situationen ein Verhalten abzuverlangen, das er sonst nicht zeigen muss. Darf Hund auf Feld, Wald und Wiese an der Leine ziehen, so wird er es auch in der Innenstadt tun. Viele Menschen üben mit ihrem Hund auf einem speziellen Hundeplatz die Grundkommandos. Das ist gut und macht Sinn, wenn dort Hund ***und*** Mensch lernen, wie es geht. Absolviert Mensch jedoch pflichtgetreu 1–2 Mal pro Woche sein Hundeplatztraining und verfolgt sonst die Arbeit mit dem Hund nicht weiter, ist alles vergebene Mühe, denn der Hund transferiert das dort Gelernte nicht einfach so auf andere Situationen, in denen gutes Benehmen gefordert ist. Er muss stets auch „in vivo" lernen können und nicht nur in simulierten Settings. Das ist für viele Hundehalter eine enttäuschende Nachricht. Denn: man kann keinen Hund „diskret" erziehen. Nimmt Mensch seine Erziehungsaufgabe ernst, so wird er die Leine nicht als Hilfsmittel missbrauchen, um seine Wünsche durchzusetzen, sondern er wird sich mit seinem Hund artgerecht beschäftigen. Dazu gehören: Rufen, Loben und Tadeln in verschiedenen Tonlagen, Gebrauch von paraverbalen Signalen, wie Schnalzen oder Pfeifen, Einsatz von Mimik und Gestik, vor allem Calming Signals und auch ganz wichtig: Der Einsatz von Körpersprache durch Heben oder Senken des Kopfes, nach hinten oder nach vorne Beugen des Oberkörpers, verschiedene Schrittstellungen, Armbewegungen usw. usw. Betrachten Sie die Hundeführer auf unseren Straßen: Der Mensch – meist stumm am anderen Ende einer Flexi-Leine, in eigene Gedanken versunken – und Hund trotten ihrer Wege. Sicher wäre das Straßenbild lebhafter und für alle Seiten erfreulicher, wenn etwas mehr Engagement in der Hundeerziehung gezeigt würde. Denn: Gehorsam als Gewöhnung gilt nicht nur für Hund. Es gilt auch für den Menschen, der – ganz im Sinne einer konsequenten Hundeerziehung – möglichst stets von seinem Hund Gehorsam und von sich Erziehungsqualität erwartet. Das ist nicht immer vereinbar mit sonstigen (gesellschaftlichen) Verpflichtungen, die Mensch noch hat, aber es ist eine Führungsaufgabe für den Rudelchef, diesem Ziel so weit wie möglich näherzukommen.

Frauchen versperrt den Hunden den Weg. Diese sind interessiert an einer Hundebegegnung, die vom Rudelchef Frauchen jedoch unterbunden wird.

Der Rudelführer betritt, und verlässt vor den Hunden den Bau.

5.4 Spielen und Verstärken

Spielen ist essentiell für die Hundeentwicklung und -erziehung. Es gibt auf dem Markt viele Ideen-Ratgeber über Spiele für und mit dem Hund, so dass es hier überflüssig wäre auf spezielle Hundespiele einzugehen. Aber ein paar grundlegende Tipps möchte ich geben: Berücksichtigen Sie in erster Linie die Rasse, das Temperament und das Alter Ihres Hundes. Terrier spielen anders als Schäferhunde. Junge Hunde spielen anders als Hundesenioren. Und schließlich wird es Spiele geben, die auch Ihnen mehr oder weniger zusagen. Dann sollten Sie Spiele für draußen und Spiele für drinnen in petto haben. Und schließlich eine Balance zwischen immer wiederkehrenden „Lieblingsspielen“ und neuen Varianten, um Langeweile zu verhindern. In diesem Zusammenhang eine Bemerkung zu sog. „Balljunkies“, wie Hunde genannt werden, die

nahezu süchtig nach Ballwerfen und -apportieren sind: Lassen Sie es nicht soweit kommen. Die einseitige Fixierung auf ein Spiel, für das Hund nur noch arbeitet um den „Kick" zu bekommen, ist für Hundeseelen genauso schädlich wie Suchtverhalten beim Menschen. Besonders tolle und beliebte Spielbelohnungen gibt es eben nur, wenn Hund auch toll gearbeitet hat.
Vergessen Sie auch beim Spielen nicht: SIE sind der Rudelchef. In der Regel beginnen Sie das Spiel. Es ist nett anzusehen, wenn Hund mit Spielzeug in der Schnauze zu Herrchen kommt und ihm die Pfote zur Spielaufforderung auf das Bein legt oder mit einem Spielwuffen zur Aktivität einlädt. Gehen Sie nur ab und zu darauf ein. Meist sollten Sie aber die Spielaufforderung zunächst ignorieren und erst einige (kurze) Zeit später mit dem Spielen beginnen. Hintergrund ist: Hund sollte nicht lernen, Mensch zu manipulieren. Dies ist nicht förderlich für die Rangordnung und das Spiel wird inflationär. Also: Beginnen Sie (meist) das Spiel und beenden Sie stets (!) das Spiel. Letzteres ist erstens wichtig, weil man den Hund motiviert hält, wenn man aufhört, wenn's am Schönsten ist und außerdem ist Spiel und Spielzeug eine wichtige Ressource, die dem Menschen gehört, was wiederum die Hund-Mensch Beziehung festigt. Achten Sie, gerade bei „wilden" Spielen und Zerrspielen auf die Lautsprache des Hundes. Spielknurren ist stets laut und wirkt übertrieben. Ein Knurren, das Objektdominanz signalisiert ist eher leise, tief und ohne übertriebene Bewegungen des Hundes. In diesem Fall brechen Sie das Spiel sofort ab, nehmen das Spielzeug und ignorieren den Hund. Zwischen gut sozialisiertem Hund und Mensch kommt es eher nicht zu solchem Knurren der Objektdominanz. Aber in der Welpen- und Junghundeentwicklung können Hunde Phasen durchlaufen, in denen sie ab und zu versuchen, die Rangordnung in Frage zu stellen. Reagieren Sie hier sofort! Abschließend noch ein Wort zu den eingangs erwähnten Spieleratgebern. Nehmen Sie diese Literatur als Anregung und Ideenpool, aber beachten Sie diese nicht sklavisch! Ratgeber, die Ihnen Spielekarten anbieten, die Sie mitnehmen können, um vor oder während des Spieles erst nachzulesen, wie es „richtig" geht, verfehlen den Sinn der Leichtigkeit.

Außer Spielen, die sowohl der Entwicklung und Erziehung des Hundes als auch zur Belohnung dienen, gibt es noch andere Mittel, mit denen Sie das erwünschte Verhalten des Hundes verstärken können. Dazu gehören natürlich Leckerlis oder Goodies, aber auch Zuwendung durch den Menschen. Lefzen lecken, Bäuchlein streicheln, Öhrchen kraulen, miteinander rennen, auf der Wiese sitzen und wälzen, auf dem Sofa toben und, und, und. Der Mensch sollte immer das absolut Größte für seinen Hund sein. Goodies und Spiele können zwar als „Sahnehäubchen" fungieren, aber wer meint, er selbst sei seinem Hund allein nicht gut genug, sollte an seinem Selbstvertrauen arbeiten.

Für jeden Lernprozess gilt: das erwünschte Verhalten muss sofort, d. h. innerhalb von 2–3 Sekunden verstärkt werden, damit Hundehirn lernt: das war OK. Bitte machen Sie sich klar, wie kurz 2–3 Sekunden sind. Trainieren Sie Ihre Reaktionsfähigkeit. Im Internet gibt es kostenlose Spiele, die Ihre Reaktion schulen. Ihre Reaktionsgeschwindigkeit ist besonders gefragt, wenn sie beispielsweise mit Klicker-Training arbeiten. Verwenden Sie Leckerlis, so sollten diese im wahrsten Sinne des Wortes griffbereit sein. Wenn Sie erst umständlich in Täschchen oder Döschen kramen müssen, haben Sie die Zeit verschenkt. Viviane Theby beschreibt sehr differenziert und anschaulich in ihrem Buch „Verstärker verstehen", wie Verstärker im Hundetraining eingesetzt werden. In Anlehnung hieran einige Tipps: Machen Sie sich eine Liste, was alles Ihren Hund begeistert. Das können so triviale Sachen sein, wie eine Brötchentüte zerreißen oder unter der Decke nach Spielzeug suchen. „Häusliche" Freuden können sicher abgewandelt auch draußen eingesetzt werden. Definieren Sie Leckerlis nach erster, zweiter und dritter Klasse. Für leichte Übungen gibt es auch nur drittklassige Leckerlis. Besonders schwierige Übungen kosten Sie auch Leckerlis besonderer Qualität. Der Handel bietet verschiedene Trainingssnacks an. Ich habe sie teilweise selbst gekostet und kann beispielsweise keinen nennenswerten Unterschied aus Snacks mit Geflügel im Gegensatz zu Snacks mit Rind herausschmecken. Das heißt nicht, dass sie nicht gut geeignet sind für das Training, aber für Goodies zweiter oder erster Klasse kann sich Mensch schon etwas einfallen lassen. Beliebt sind Tuben, in denen sich Leberwurst oder Lachscreme befindet. In der warmen Jahreszeit können diese allerdings leicht verderben, insbesondere wenn sie mit Hundespeichel kontaminiert sind. Trainingsgoodies sollten immer gemessen an der Hundeschnauze sehr klein sein. Der Hund sollte sein Leckerli gleich schlucken können, ohne das Training zum Kauen unterbrechen zu müssen. Arbeiten Sie mit kleinen Goodies, so brauchen Sie eine gute Feinmotorik, um Hund jeweils nur 1–2 Goodies vor die Nase zu halten, ohne dass alle aus der Hand fallen. Falls versehentlich ein Goodie auf den Boden fällt, darf Hund dies keinesfalls aufnehmen. Verweisen Sie mit einem scharfen „Nein"! Sie sind der Goodie-Geber! Frau Theby empfiehlt, zu trainieren, indem Sie zügig an einer (nicht zu großen!) Tasse vorbeigehen, die auf einem Tisch steht, und aus der Bewegung 1–2 Goodies aus Ihrer gefüllten Hand dort hineinwerfen. Sie bemerken, liebe Leser, dass Sie durchaus auch Training ohne Hund benötigen, um den Anforderungen des Hundes im Training gewachsen zu sein. Für „teure" Leistungen, also solche, wo Hund wirklich sehr komplexe Verhaltensketten gezeigt hat (natürlich ist die Bewertung am jeweiligen Ausbildungsstand des Hundes orientiert) gibt es auch „Jackpots". Das kann ein großes Stück Fleischwurst oder Käse sein oder manche Hunde lieben auch Katzenfutter; ist Letzteres im Aluschälchen verpackt, kann so ein „Jackpot" mitgeführt und ohne Mühe gegeben werden.

Hunde arbeiten – ebenso wie Menschen und viele andere Tiere – gerne mit positiven Verstärkern. Hier werden zunächst Verstärker primäre, sekundäre und tertiäre Verstärker unterschieden. Primäre Verstärker sind solche, die Hund „von Natur aus" liebt und die für ihn auch lebensnotwendig sind. Dazu gehören Wasser, Futter, ein schützender Schlafplatz, Kontakt zu Artgenossen etc. Belohnen mit Goodies (Futter) ist somit ein primärer Verstärker. Soll der Hund komplexere Inhalte erlernen, sind sekundäre Verstärker sinnvoll. Dazu gehört beispielsweise der Klicker. Klickertraining ist relativ bekannt und Literatur hierzu wirbt oft dafür, auf dem Klicker nahezu die gesamte Hundeerziehung aufzubauen. Bitte meiden Sie die „reine Lehre". In manchen Situationen sind Klicker sinnvoll, in manchen aber auch nicht. Und es gibt auch Hunde, die durch den falschen Einsatz „überklickt" sind und nicht mehr konzentriert mit dem Klicker arbeiten können. Der unbestrittene Vorteil

des Klickers ist, dass er ein neutrales Geräusch macht – anders als die Stimme des Menschen, die mal zu laut oder zu genervt klingen kann. Der Klicker dient als sekundärer Verstärker dazu, Verhalten zu formen. Beispielsweise wirkt das „Pfötchengeben" zur Begrüßung aus antropomorpher Sicht bei Patienten als freundliche Geste und als „Türöffner" für kommende Aktivitäten. Ergodog soll also lernen Pfötchen zu geben. Hunde heben häufig die Pfote um als Calming Signal zu pföteln. Sie beobachten nun das leichte Pfoten heben, geben einen Klick und dann das Lob oder die Belohnung. Der Hund wird rasch lernen: Pfote hoch-Klick-Belohnung. Nun kommt die Extinktion, die Löschung des Verhaltens. Hund hebt wie immer leicht die Pfote: Kein Klick. Wie jetzt? Hund wird auf seinem Verhalten bestehen und Pfote heben – Pfote heben – Pfote heben – Pfote ***höher*** heben: Klick. Aha! Ab sofort wird nur noch geklickt, wenn die Pfote höher gehoben wurde. Hat der Hund das Muster gelernt, geht es weiter. Es wird nur noch geklickt und belohnt, wenn der Hund beim Pfoteheben, die dargebotene Hand seines Menschen berührt. Diese Formung des Verhaltens in einzelnen kleinen und für den Hund freudigen (!) Schritten, wird solange geübt, bis das erwünschte Endverhalten erreicht ist: Der Hund legt auf das Kommando „Begrüßung, bitte!" seine Pfote in die dargebotene Hand (des Patienten). Zu den tertiären Verstärkern gibt es eine gute und eine schlechte Nachricht. Zuerst die Schlechte: Sie entstehen ungewollt funktional und führen oftmals in die andere Richtung. Dann die Gute: Man kann tertiäre Verstärker im fortgeschrittenen Training nutzen.
Ein Beispiel für das „Eigenleben" tertiärer Verstärker. Ihr Hund neigt dazu, andere Hunde anzubellen. Sie trainieren das Kommando AUS, wenn der Hund bellt. Gehorcht der Hund, bekommt er eine Belohnung. Die Verhaltenskette beginnt also mit „Bellen – AUS – kein Bellen mehr – Belohnung". Sehr schön. Der Hund hat es gelernt und bellt nicht mehr. Es dauert nicht lang, dann bellt Hund wieder. Warum? Die Belohnung fehlt beim Nicht-Bellen. Der Hund muss quasi zunächst das unerwünschte Verhalten zeigen, damit er es unterlassen kann um dann belohnt zu werden. Das unerwünschte Verhalten fungiert als tertiärer Verstärker, denn Nicht-Verhalten kann nicht belohnt werden. Was kann getan werden? Der Hund kann eine „stattdessen" Verhaltensweise er-

lernen: Die Kette heißt dann in unserem Beispiel: „Nicht bellen bei Hundebegegnung – Lob – Streicheln – und ***ab und zu*** eine Belohnung“. Dass Belohnungen nicht immer vorhersehbar eintreten, ist gerade das Magische an Glücksspielen. Hund zeigt ein erwünschtes Verhalten, wird in jedem Fall durch ein Lob vom Menschen darin bestätigt, aber es gibt nicht immer eine Belohnung. Mit diesem tertiären Verstärkerprinzip lassen sich auch Goodies abbauen, die zu Beginn stets eingesetzt wurden.

5.5 Loben, Ignorieren, Verweisen

Ein starker und zuverlässiger Rudelführer im Wolfs- oder Hunderudel zeigt sich u. a. darin, dass er *von sich aus* Fell- und Schnauzenkontakt zu seinen Rudelmitgliedern aufnimmt, dass er immer mal wieder das „Sich-bemerkbar-machen“ seiner Rudelmitglieder *ignoriert* und dass er, wenn er verweist, dies in aller *Deutlichkeit* und mit aller gebotenen Konsequenz tut. Loben im engeren Sinne kennt Hund zu Hund nicht. Hund zu Hund hat auch keine spezielleren Ausbildungsabsichten, wie Mensch zu Hund. Betrachten wir das Lob genauer. Lob ist nicht gleich Belohnung und wie im vorigen Kapitel besprochen wurde, ist Belohnung auch ein sehr unklarer Begriff und wird präziser durch den Einsatz von Verstärkern. Wenn wir Hundeverhalten klassifizieren, gehen wir vom „neutralen Verhalten“ des Hundes aus und untersuchen dann seine Verhaltensänderungen in Richtung freudiges Verhalten vs. drohendes Verhalten. Der neutrale Hund zeigt diese Stimmung in erster Linie über seine Körpersprache, ohne besondere muskuläre Anspannung. Der neutrale Mensch zeigt dies genauso und signalisiert seinem Hund: Keine besonderen Vorkommnisse, alles in Ordnung. Dies setzt Souveränität des Hundeführers voraus: Alles im Griff. Nun zeigt Hund erwünschtes Verhalten, das gelobt werden soll. Bleibt Mensch nun „neutral“ und schiebt Hund lediglich ein Goodie in die Schnauze oder verändert er gar seine Körperhaltung in Richtung Drohgebärde, wenn er sich beim Loben über den Hund beugt und dessen Kopf tätschelt,

führt diese unklare Kommunikation eher zu Verunsicherung des Hundes. Kennen Sie die Redensart „in den höchsten Tönen loben" als Synonym für eine besondere Würdigung? Tun Sie's. Loben Sie Ihren Hund in den höchsten Tönen – das heißt, mit einer höheren Stimmlage als der, mit der Sie sonst sprechen. Dies gelingt auch Männern, die naturgemäß eine tiefere Stimme haben.
Begleiten Sie Ihre hohen Töne mit lobenden Worten, die Ihnen entsprechen wie „Fein, Super, Toll" – oder was auch immer.
Wichtig ist, dass Sie authentisch sind und sich wirklich freuen. Es ist in unserer Gesellschaft nicht wirklich üblich, lächelnd seiner Wege zu gehen. Meist bemühen wir uns um einen „neutralen Ausdruck". Aber – wie schon erwähnt, Sie können Ihren Hund nicht diskret erziehen. Das Lob in hohen Tönen als akustisches Signal sollte durch entsprechende Körpersprache unterstützt werden. Eine Körperhaltung, mit leicht nach hinten geneigtem Oberkörper und offenen Armen wirkt auf Hund freudiger, als dieses Kippen mit dem Oberkörper nach vorn, was in Hundesignalen eher eine Dominanzgeste bedeutet.
Haben Sie einen kleinen Hund, bei dem Sie sich zwangsweise bücken müssen, um ihn zu berühren, so drehen Sie sich etwas seitwärts und kraulen Sie ihn an der Brust.
Loben Sie herzlich, aber nicht übertrieben. Loben Sie dem Anlass des Lobes angepasst. Achten Sie darauf, dass Sie den Hund nicht von seinem erwünschten Verhalten wegloben.
Beispielsweise soll ein Hund, der erfolgreich „Sitz und Bleib" absolviert, nicht so überschwänglich gelobt werden, dass er vor Freude aufspringt – sonst bestärken Sie das Aufspringen, nicht das Sitzenbleiben. Am Ende einer Trainingseinheit und zu Pausenbeginn kann so richtig wild und ausgiebig gelobt werden, ein Lob, das beispielsweise in das nachfolgende gemeinsame Spiel zur Entspannung überleitet. Und beachten Sie die Regel: Auf jeden Tadel muss mindestens doppelt so viel Lob folgen!
Das Ignorieren eines Hundes dient einerseits dazu, seine Manipulationsversuche nicht zu verstärken, andererseits ist es auch ein Zeichen der Rangordnung. Hunde, die dem Blickkontakt ihrer Menschen ausweichen, sie ignorieren, wenn der Mensch Kontaktaufnahme wünscht,

selbst wenn ein Leckerli winkt, zeigen deutlich, dass ihr Mensch in keiner Weise ein guter Rudelführer ist. Im schlimmsten Falle kann dies sogar ein Zeichen sein, dass Hund über Mensch steht, was schwerwiegende Folgen, wie etwa Dominanzaggression nach sich ziehen kann. Oftmals ist Ignorieren schon ein gutes Mittel, dem Hund zu zeigen, dass sein Verhalten gerade unerwünscht ist. Wie sehr das Ignorieren eine erzieherische Wirkung hat, zeigt ein völlig inakzeptabler Brauch, der noch auf vielen Hundeplätzen praktiziert wird. Dort werden die Hundeführer angewiesen, ihre Hunde vor dem Training noch eine Zeit lang alleine im Auto zu lassen oder es stehen sogar spezielle Zwingerboxen zur Verfügung, in denen die Hunde eine viertel oder halbe Stunde eingesperrt werden. Gerne werden diese Maßnahmen damit begründet, dass „Vorgespräche in Ruhe" stattfinden sollen, oder ein gemeinsamer Kaffee vorher das „Vereinsleben fördert", bei dem die Hunde nur stören könnten. Tatsache ist, dass dieses Entfernen des Hundes von seinem Menschen – insbesondere in den Hundezwingern extremen Stress bei den Hunden auslöst. Holt Mensch dann seinen Hund, sind die Hunde so froh, ihren Menschen wiederzuhaben, dass sie für einige Zeit förmlich an ihm „kleben" und für nichts anderes Interesse haben. Eine „super Voraussetzung" natürlich für das nachfolgende Hundetraining. Mensch ist dann sehr begeistert, wie gut sein Hund in Anwesenheit des Hundetrainers auf ihn hört. Schlimm! Aber wenden wir uns nun wieder von diesem Missbrauch des Ignorierens ab. Wie wird Hund erfolgreich ignoriert? Indem Blickkontakt mit Hund vermieden wird und der Mensch sich seitlich abwendet, wenn der Hund Kontakt zu ihm sucht. Beobachten Sie Hunde im gemeinsamen Spiel: wird es einem Hundepartner zu wild, so zeigt er eben diese Signale, die dem anderen signalisieren: Stopp! Jetzt reicht's. Das Ignorieren des Hundes ist auch geeignet, wenn Hund sich in den Mittelpunkt des Geschehens schieben will. Voraussetzung, dass das Ignorieren nicht nur über eine kurze Zeit Wirkung zeigt ist natürlich, dass der Hund Verhaltensalternativen kennt, die angenehm sind, beispielsweise sich mit einem leckeren Kauknochen zurückziehen. Dass Hund sensibel auf das Ignorieren seines Menschen achtet, ist auch ein Lernprozess, den Hund durchlaufen muss. Idealerweise startet Mensch damit bereits im Welpenalter. Das ist schwer, denn gerade der Hundewelpe benötigt und bekommt viel Aufmerksamkeit. Je früher der junge Hund jedoch lernt (kurz) ignoriert zu werden, desto eher gewöhnt er sich an diese wirklich probate Erziehungsmaßnahme. Zeigt Hund unerwünschtes Verhalten, so kann er auch verwiesen werden. Ich verwende diesen Ausdruck analog zu dem Begriff „bestraft" werden, mache aber darauf aufmerksam, dass Hundestrafen in Form von Klapsen oder gar Schlägen tierschutzrelevant sind und in gar keinem Fall akzeptabel. Dennoch kennt auch Hund zu Hund die Form des Verweisens, wenn er sich inakzeptabel verhält. Dass ein Hund den anderen verweisen kann setzt voraus, dass der verweisende Hund ranghöher ist und dies auch deutlich macht. Bevor Hund energisch verwiesen wird, kündigt der Ranghöhere durch Ignorieren und schließlich Drohverhalten die möglicherweise nachfolgende Konsequenz an. Über das Ignorieren haben wir schon gesprochen. Nun zum Drohverhalten: Mensch kann nicht Zähne fletschen, Ohren zurücklegen und Nackenfell aufstellen. Aber: Mensch kann knurren, sich „groß" machen und quer vor den Hund stellen. Wie der Knurrer sich anhört, bleibt Ihrem Temperament und Ihren Stimmbändern überlassen. Ich verwende meist ein sehr tief und laut gesprochenes „Hey" oder „O-O". Beides funktioniert wunderbar und beeindruckt selbst fremde Hunde, die die soziale Etikette überschreiten, um meine Hunde zu schützen. Auch hier ist das Einüben so früh wie möglich zu praktizieren. Wenn Mensch keinen Welpen zu sich holt, sondern einen älteren Hund übernimmt, meist aus dem Tierschutz, steht er vor einer sehr großen Aufgabe. Er muss einerseits eine möglicherweise völlig zerrüttete Hundeseele wieder heilen aber andererseits auch als starker Rudelführer auftreten und dem Hund Grenzen setzen, um ihm ***Sicherheit*** zu vermitteln! Ein Verweisen des Hundes in angemessener Form, ist grundsätzlich von Anfang an notwendig und zerstört nicht die Mensch-Hundebeziehung, wenn das Verweisen klar und für den Hund nachvollziehbar ist. Nehmen wir ein ganz einfaches Beispiel der Stubenreinheit. Hund weiß zu Beginn noch nicht wo und wo nicht und muss öfters drinnen mal raus. Es genügt zu Beginn völlig, wenn Sie knurrend ihr Missfallen äußern, während Sie die Bescherung wegputzen. Der Hund wird Sie beobachten und auf Grund ihres Knurrens bemerken, dass Sie mit diesem Verhalten nicht einverstanden sind. Natürlich müssen Sie den Hund überschwänglich loben und sein Verhalten verstärken, wenn er draußen sein Geschäft verrichtet. Nun kann es sich so entwickeln, dass Hund keine Lust hat, draußen sein Häufchen zu setzen, etwa weil es regnet und er das warme Wohnzimmer vorzieht. Hund kennt also schon die Verhaltensregel, aber er ignoriert sie. Jetzt kann lauter geknurrt und geschimpft werden. Auch ein Griff über die Schnauze oder ein Griff ins Nackenfell (ohne zu beuteln!) ist für den Hund ein sicheres und angemessenes Zeichen, dass er gegen eine ihm bekannte (!) Regel verstoßen hat und Sie diesen Regelverstoß nicht durchgehen lassen. Darauf kommt es letztlich an. Zeigen Sie von Anfang an deutlich, wenn Sie ein Verhalten des Hundes nicht wünschen, wiederholen Sie Ihren Unmut, so dass der Hund lernt, was ok ist und was nicht. Ignoriert er die Regeln (was immer mal wieder vorkommt), muss er umgehend verwiesen werden durch lautes Knurren und ggf. auch Dominanzgesten durch seinen Menschen wie Schnauzengriff oder den Hund auf den Boden drücken und sich über ihn beugen. Das sieht martialisch aus, ist aber hundegerechtes Verhalten. Und nun noch abschließend ein wichtiger Punkt. In einer intakten Mensch-Hundebeziehung, wird Ihr Hund auf den Verweis sofort Beschwichtigungssignale zeigen. Er wird möglicherweise wie „eingefroren" stehen bleiben, sich die Schnauze lecken, pföteln oder dergleichen. Damit zeigt Ihr Hund Ihnen, dass er verstanden hat und bittet um „gut Wetter". Nun müssen Sie ihr Drohverhalten beenden. Sie können den Hund noch eine kurze Zeit ignorieren, aber dann wieder signalisieren: alles ok.

Steigern Sie sich aber in Ihr Schimpfen hinein, ohne die Beschwichtigungssignale Ihres Hundes zu beachten, können Sie in der Tat das Vertrauen beschädigen. Desgleichen, wenn Sie Ihren Hund in einer Dominanzgeste auf den Boden gedrückt haben. Hören Sie **sofort** damit auf, wenn der Hund beschwichtigt! Es kann sonst sein, dass der Hund ins Abwehrbeißen kommt, weil er sich nicht mehr anders aus der Situation zu helfen weiß, und solche Eskalationen sollten unbedingt vermieden werden!

5.6 Sicheres Abrufen

Hunde lieben ihre Freiheit. In keiner anderen Umgebung wird der Unterschied im Erleben der Umwelt von Mensch und Hund so deutlich wie „draußen“. Wir Menschen sind Augentiere – der Hund ist ein Nasentier. Die Welt der Gerüche bleibt uns draußen weitgehend verschlossen. So benehmen wir uns aus Hundesicht höchst merkwürdig im Freien: Wir schnüffeln und springen nicht umher, wälzen uns nicht, markieren nicht, stattdessen laufen wir einfach so vor uns hin. Wie langweilig. Getoppt wird dies Unverständnis für menschliches Verhalten noch, wenn der Hund aus für ihn interessanten Situationen abgerufen wird: Nicht nur, dass „sein Mensch“ nicht an seiner Seite ist, nun soll Hund auch noch die faszinierende Welt um sich herum aufgeben für ... ja, für was eigentlich? Um an die Leine genommen zu werden? Strafende Blicke zu ernten? Und überhaupt: Wozu soll Hund denn aufs erste Kommando gehorchen, wenn Mensch ohnehin durch wiederholtes Rufen permanent seinen Standort bekannt gibt? Fiffi komm! Komm! Komm Fiffi! Fiiifffiii koooоommmmmm!
Was soll der Hund lernen? Ich komme zuverlässig aus jeder Situation weil mein Mensch noch viel Interessanteres hat, als das, womit ich mich augenblicklich beschäftige und weil es für mich unangenehme Konsequenzen hat, wenn ich nicht gehorche.

Was soll der Mensch lernen? Ich meine, was ich sage. Wenn ich den Hund rufe, gehe ich davon aus, dass er kommt und sein Kommen wird stets belohnt. Ich bin außerdem in der Lage, mein Kommando durchzusetzen.

Wie wird gelernt? Der noch junge Hund wird für sein Bedürfnis, stets hinter seinem Menschen herzulaufen positiv bestätigt. Auf Distanz- und Abbruchkommandos wie beispielsweise „bleib“ wird zunächst verzichtet. Beginnt der heranwachsende Hund auf Entdeckungstour zu gehen, bekommt er eine Schleppleine, die seiner Größe und den Umgebungsbedingungen entspricht. Hundegeschirre- und Leinen sind wesentliche Bestandteile eines Trainings. Ich empfehle, von Anfang an in mehrere (!) passende Geschirre und geeignete Leinen zu investieren. Es ist Hund wirklich egal, welche Farbe sein Geschirr hat und ob es mit lustigen Hundepfoten bedruckt ist. Es ist jedoch nicht egal, ob es zu eng oder zu weit ist oder die Leine zu schwer ist. Ein Halsband ist erst empfehlenswert, wenn der Hund sicher leinenführig ist. So werden an dem Hundegeschirr – je nach Situation – Schleppleinen von 2 m, 5 m, oder auch 10–15 m Länge angebracht. Wichtig ist, dass erwünschtes Verhalten umgehend (2–3 sec.!) bestätigt wird! Läuft Hund also auf Mensch zu, gibt dieser verbal („hier!") und nonverbal durch ein Sichtzeichen oder eine einladende Körperhaltung das Abrufkommando. Wichtig ist dabei eine freundliche, eher hohe Stimme mit viel Lob und (ab und zu) ein Goodie, wenn der Hund beim Menschen ist. Ist der Hund auf sein Kommen zum Menschen positiv konditioniert, wird sein Kommen mit denselben Zeichen eingefordert, also auch in solchen Situationen, in denen der Hund nicht von selbst kommt. Wichtig ist dabei, dass auch wieder freudig abgerufen wird, jedoch ein Ignorieren des Kommandos sofort und unmittelbar durch die Schleppleine unterbunden wird – d. h. der Hund wird mittels Schleppleine zu seinem Menschen gezogen. Auch hier ist das Timing wichtig: Sobald der Hund sich nach dem Ziehen an der Schleppleine wieder selbstständig auf seinen Menschen zubewegt, erfolgt das Abrufen wie in Schritt 1.

Das Training bestimmt den Alltag, wird also in jeder Situation eingesetzt – allerdings sollte zunächst mit geringer Ablenkung trainiert und diese dann langsam gesteigert werden. Die Königsdisziplin ist sicher das Abrufen des Hundes aus dem Spiel mit anderen Hunden. Erst dann wird die Schleppleine langsam abgebaut. Wäre eine Schleppleine beispielsweise beim Toben mit anderen Hunden hinderlich, so kann sie entfernt werden. Aber der Hund sollte dann nicht abgerufen werden oder nur, wenn sich Mensch zu 99 % sicher ist, dass Hund kommt. Je schwerer es dem Hund fiel, sein Vorhaben zu unterbrechen und zu seinem Menschen zu kommen, umso attraktiver muss die Belohnung sein, die ihn erwartet. Das können besonders tolle Goodies sein oder auch ein Spielzeug zum Zerren oder ein Ball. Manche Hunde brauchen das „Schleppleinen-Feeling" an ihrem Geschirr, um sich zu disziplinieren. So kann es sinnvoll sein, einen letzten Schleppleinenzipfel, wie ein Stückchen Nabelschnur am Geschirr befestigt zu lassen. Je früher mit diesem Training angefangen wird, umso besser. Dennoch: die Erziehungszeiten mittels Schleppleine können Wochen – wenn nicht Monate – das Mensch-Hunde Team begleiten.

Sehen Sie in solche Hundegesichter, war Ihr Abrufen erfolgreich.

5.7 Sitz – Platz – Steh und Bleib

Es ist Hundekindern gewissermaßen angeboren, sich hinzusetzen, wenn sie erwachsene Hunde beeindrucken oder beschwichtigen wollen. Jeder Welpe setzt sich, wenn er beispielsweise etwas zu fressen möchte, so dass das spontane Verhalten nur noch mit dem entsprechenden Kommando (Sitz!) und dem Sichtzeichen – beispielsweise einem erhobenen Zeigefinger kombiniert werden muss. Mensch muss darauf achten, dass Hund auch tatsächlich mit seinem Hundepopo auf dem Boden sitzt und nicht zwischenzeitig schon wieder aufsteht, wenn er gar zu begierig sein Goodie will. Ich empfehle im Übrigen grundsätzlich jedes Verbalkommando mit einem Sichtzeichen und – noch besser – mit einer gewissen Körpersprache zu unterstützen. Hunde sind so feinfühlig in Bezug auf Mimik, Gestik und Körpersprache ihres Menschen, dass dieses Potential unbedingt genutzt werden sollte. Außerdem benötigt der Hund in der tiergestützen Therapie nonverbale Kommandos – gerade, wenn der Therapeut mit dem Patienten kommuniziert, soll der Hund parallel dazu durch Sichtzeichen wissen, was er zeitgleich zu tun hat!

Nach dem „Sitz“ kommt das Kommando „Platz“. Bitte bedenken Sie: Nur entspannte und / oder selbstsichere Hunde gehen auf Kommando ins „Platz“. Im Platz zu bleiben, ohne Ruhen zu wollen, sondern – im Gegenteil – aufmerksam zu sein für das nächste Kommando – ist für Hund eine große Lernaufgabe.

Es gibt verschiedene Methoden, das „Platz“ einzuüben. Die schlechteste ist die, den Hund mit seinem Popo oder Oberkörper herunterzudrücken. Der Mensch verhindert so das selbsttätige muskuläre Lernen des Hundes und damit das sichere Befolgen des Kommandos. Stattdessen soll Hund lieber unter den Beinen des Menschen oder unter einem Stuhl hindurch kriechen um an eine begehrte Belohnung zu kommen. In dem Moment, in dem der Hund liegt, wird das Goodie mit dem Kommando „Platz“ und einem entsprechenden Handzeichen verknüpft – beispielsweise die Bewegung der ausgestreckten Hand Richtung Boden. Erwarten Sie von dem jungen oder noch unsicheren Hund nicht das Platz in für ihn angespannten Situationen: das Befolgen des

Kommandos „Sitz“ genügt hier völlig. Auch hier gilt – wie für alle Übungen: all-täglich üben und den Grad der Ablenkung für den Hund ganz langsam steigern. Wenn Sie merken, dass Hund überfordert ist, lieber für einige Tage wieder einen Trainingsschritt zurückgehen. Noch ungewohnter als das Platz auf Kommando ist das „Steh“ auf Kommando: Der Hund soll in einer bestimmten Situation ruhig stehen – eine Übung, die insbesondere in der Therapiehundausbildung benötigt wird. Der Aufbau ist wie immer: Der Hund zeigt erwünschtes Verhalten, das verbal und mit Sichtzeichen (beispielsweise „Steh“ und hoch erhobenem Arm) und viel Lob konditioniert wird. Wenn dies gefestigt ist, wird der Hund zum „Steh“ aufgefordert, ggf. kann durch Unterstützung des Unterleibes der Hund sanft daran gehindert werden, sich wieder zu setzen. Dann folgt Lob / Belohnung.

Bitte beachten Sie: Das „Steh“ erfordert für den Hund viel Konzentration und Disziplin. Der Hund sollte nur ins „Steh“ gebracht werden, wenn es im Rahmen der Therapiearbeit notwendig ist.

Das „Bleib“ stellt ein Zusatzkommando dar, wenn im Sitz, Platz oder Steh ausgeharrt werden soll – meist ohne unmittelbare Nähe zum Menschen. Dafür ist es notwendig, dass sich Mensch zunächst nur 1–2 Schritte vom Hund in der jeweiligen Position entfernt und das Kommando „Bleib“ gibt, verknüpft mit dem Sichtzeichen: Handfläche nach vorne ausgestreckt wie zum „Stopp“. Das Bleib muss sehr langsam aufgebaut werden, damit es nicht zu Verunsicherungen des Hundes kommt. Daher die Entfernung vom Hund nur langsam steigern. Für den Einsatz eines Therapiehundes ist es ausreichend, wenn der Hund das „Bleib“ bis zu einer Entfernung von 5–8 Metern sicher beherrscht. Das „Bleib“ kann aufgelöst werden, indem entweder der Hund abgerufen wird – dabei ist darauf zu achten, dass er sicher direkt zu seinem Menschen kommt, oder der Mensch kehrt zurück zu seinem bleibenden Hund und löst dann das Kommando auf. In jedem Fall muss der Hund in seiner Bleib-Position verharren, bis er tatsächlich das Auflösungskommando, beispielsweise „Geh“ hört.

Deutliches Handzeichen und leicht nach vorn gebeugte Körperhaltung sorgen für ein aufmerksames „Sitz“.

Auch hier: Deutliches Handzeichen und klare Körperhaltung.

Leichtes Rückbeugen und Klopfen auf den Oberkörper signalisieren den Hunden: Sitz, bzw. Platz sind aufgelöst.

Deutliches Zeichen. Frauchen steht quer und zeigt den Hunden: Es geht nicht weiter.

Frauchen steht nun parallel zur Bewegung der Hunde und lädt zum Kommen ein.

5.8 Gehen an der lockeren Leine

Hund braucht keine Leine. Sie ist eine Erfindung des Menschen und dient im schlimmsten Fall dazu, Zwang auszuüben. In unserer Gesellschaft gibt es grundsätzlich eine Leinenerwartung – oft sogar eine Leinenpflicht. Die Leine macht *den Menschen* sicher und suggeriert – zumindest anfänglich – den problemlosen Umgang mit dem Hund. Betrachtet man die Mensch-Hunde Teams, so ziehen die meisten Hunde an der Leine. Bei Hunden kleiner Rassen ist der Mensch dem noch gewachsen, bei Hunden großer Rassen wird jeder Gang mit Leine zu einem Kraftakt. Gibt es dann noch lästige Zwischenfälle, wie etwa eine auffliegende Taube, oder gar eine Hundebegegnung, verliert Mensch rasch seine Beherrschung, zerrt umso mehr an der Leine, signalisiert seinem Hund Dauerstress und wundert sich dann, warum der Hund „leinenaggressiv" wird.
Was also ist die Leine? Eine sehr sensible Verbindung zwischen Mensch und Hund. Eine Alternative zum Fell zu Fell Kontakt und zum Schnauzenstoß. Der Deal heißt: Beide ziehen nicht an der Leine und die Leine ersetzt auch nicht als stumme Einwirkung die vielseitige Kommunikation.

Was soll der Hund lernen? Die Leine ist eine angenehme Verbindung zu meinem Menschen. Sie bietet mir Schutz und Sicherheit.

Was soll der Mensch lernen? Die Leine ist stets nur ein Hilfsmittel, dem Hund in gefährlichen Situationen, wie Straßenverkehr oder im Rahmen gesellschaftliche Erwartungen – beispielsweise einem Restaurantbesuch – Sicherheit und Orientierung zu vermitteln.

Ideal wäre es, mit dem jungen Hund eine ganze Zeit die Freifolge einzuüben und ihn erst dann behutsam an die Leine zu gewöhnen. Leider kann schon das erste Gassigehen auf Grund der Umgebungsbedingungen es einfordern, dem Welpen Geschirr und Leine umzulegen. Es gibt unterschiedliche Empfehlungen, wie der Hund leinenführig gemacht werden kann und die meisten konzentrieren sich auf das Hundeverhal-

ten. Abgesehen davon, dass Hund mit Leine positive Erfahrungen machen soll (mit viel Lob und ggf. ein paar Goodies) ist ebenso das Menschenverhalten wichtig. Der Hund braucht am anderen Ende der Leine einen wohlgelaunten, selbstsicheren und geduldigen Partner! Auch hier sollte das Training zunächst in einer ablenkungsarmen Umgebung stattfinden. Der erste Schritt ist, das „Kreuzen" des Hundes an der Leine vor oder hinter seinem Menschen unbedingt zu unterbinden! Meist genügt ein menschlicher „Knurrer", um den Hund in seine Schranken zu weisen. Dieser Knurrer kann mit einem „Stopp" verbunden sein: Wenn Hund nicht auf der vorgegebenen Seite läuft, geht es nicht weiter. Akzeptiert dies der Hund, ist es eine wunderbare Belohnung und Anerkennung, wenn sein Mensch sich dann von selbst auf den begehrten Ort zubewegt, dass Hund in Ruhe alles erschnüffeln kann. Manchmal aber auch nicht – denn: der ist Rudel*führer*, der das Rudel *führt.*
Noch eine Bemerkung zur den sog. „Flexi-Leinen". Diese gehören, wenn überhaupt, nur in die Hände von erfahrenen Mensch-Hundeteams, die die Leinenführigkeit exakt beherrschen und nur in speziellen Situationen (Parkanlagen o.ä.) eine Kompromisslösung suchen, der geforderten Leinenpflicht gerecht zu werden und dennoch dem Hund einen größeren Auslauf zu ermöglichen. In allen anderen Situationen – und besonders im Leinentraining junger Hunde – ist die Flexileine vollständig unangebracht, da sie erstens auf Grund ihrer Mechanik dem Hund beibringt „Du *musst* an der Leine ziehen, um dich überhaupt bewegen zu können.", und zweitens die lange Leine nur durch den Stopper bedient werden kann und der Hund mit diesem „Ratsch-Geräusch" u.U. auf alles Mögliche und damit nicht Beherrschbare konditioniert wird.

Fazit: Die Leine soll für Mensch und Hund mit angenehmen und entspannten Gefühlen verbunden werden. Wenn sich schon für den Menschen eine „unsichere" Situation darstellt, in der er den Hund „lieber an die Leine nimmt", sollte dies verbunden werden mit aufmunternden Worten für den Hund, Streicheln oder Goodies – aber keinesfalls mit einem hektischen Davonzerren!

Die Leine ist locker, Chakotay nutzt den ihr gewährten Freiraum aus und muss keinen Blickkontakt zu Herrchen halten.

5.9 Gehen in Freifolge

Das Gehen in Freifolge bedeutet, dass der Hund ohne Leine zuverlässig neben seinem Menschenpartner läuft und sich auch auf diesen konzentriert. Wie beim „lockeren Leinentraining“ bereits erwähnt, wäre es natürlicher, zuerst mit dem Gehen in Freifolge zu trainieren, was aber oft straßenverkehrstechnisch für den jungen Hund zu gefährlich wäre. Sie fragen sich nun: ist Freifolge dasselbe wie „bei Fuß“? Ich antworte mit einem klaren: Jein. Der Hund soll in der Freifolge neben seinem Menschen laufen. Für die Therapiehundausbildung ist es jedoch nicht erforderlich, dass er eng am Bein des Hundeführers „klebt“, mit der Schnauzenspitze auf Kniehöhe.

Vielmehr soll die Freifolge eine ***Freu***folge sein. Im Gegensatz zur Leinenführigkeit, die eher eine Notwendigkeit in der Gesellschaft darstellt, ist die Freifolge essentiell für den Einsatz des Therapiehundes. In der Freifolge soll er sich auf bestimmte Kommandos von seinem Menschen lösen können, um einer therapeutischen Aufgabe nachzugehen, ohne erst abgeleint werden zu müssen. Ebenso soll er korrekt zu seinem Menschen zurückkommen, ohne dass ein Anleinen nötig ist. Die Freifolge wird größtenteils analog zur Leinenführigkeit trainiert. Hund soll gerne neben seinem Menschen stehen und in verschiedenen Tempi gehen und laufen. Dabei ist es nützlich, wenn er das Menschenbein als etwas Angenehmes erfährt. Bedenken Sie, nahe neben dem Menschen zu laufen behindert die Sicht des Hundes – besonders bei Hunden kleinerer Rassen.

Markieren Sie mit einem Klebeband an Ihrem Hosenbein die Kopfhöhe des Hundes, auf der er bequem ein Leckerli nehmen kann, ohne den Kopf hochrecken oder gar hochspringen zu müssen. Ein bisschen können Sie sich bei Hunden mittelgroßer Rassen auch zu dem Hund beugen, damit er sein Leckerli bekommt. Haben Sie einen sehr kleinen Hund, hat sich nach meiner Erfahrung eine Fliegenklatsche bewährt, auf die etwas Leberwurst oder Streichkäse geschmiert wird. Das Goddie bleibt gut an den Waben der Fliegenklatsche hängen und Hund kann sein Leckerli von der Klatsche ablecken, ohne dass Hund und Mensch Verrenkungen machen müssen.

Nun führt Mensch seine Leckerli-Hand hoch vor die Brust etwa in Höhe des Brustbeins. Mensch kann dazu den Namen des Hundes rufen, ihn locken – in jedem Fall soll Hund mit Mensch Blickkontakt aufnehmen. Ist dies erfolgt, bekommt Hund auf der Höhe der Markierung am Bein sein Goodie. Dieser erste Schritt verläuft analog mit dem Hilfsmittel Fliegenklatsche. Lernziel: Hund soll stets Blickkontakt zum Menschen aufnehmen. Und Mensch muss schnell sein, und seine Hand wieder zurückziehen, wenn Hund versucht nach dem Leckerli hochzuspringen. Bleibt Hund in Nasenhöhe an der markierten Stelle, wird gelobt und belohnt. Dieses Grundprinzip wird nun in Bewegung einstudiert. Erst wenige, dann immer mehr Schritte, erst für ganz kurze Dauer, dann für mehrere Minuten, erst langsam, dann schneller. Wichtig ist, dass die Hand des Hundeführers immer vor dessen Brust platziert wird, damit Hund für den Blickkontakt aufmerksam bleibt.
Ist die Freifolge beendet, bedarf es spezieller Auflösungskommandos: Entweder die Auflösung für die Pause, also Hund kann sich frei bewegen oder die Auflösung – verbunden mit einem Folgekommando: Beispielsweise „Geh zu Freund“, wenn er sich zu dem Patienten begeben soll. Benennen Sie gegenüber Ihrem Hund die Patienten stets einheitlich. Der Hund kann nicht ohne weiteres zwischen Herrn Berger und Frau Schulte unterscheiden, außer er wird über längere Zeit als Ergodog eingesetzt, so dass Hund persönliche Beziehungen aufnehmen kann.
Gehen in Freifolge fordert von Mensch wie Hund viel Selbstdisziplin und Konzentration und sollte daher Schritt für Schritt trainiert werden, mit ausreichenden Pausen dazwischen. Auch kann es sein, dass ein Freifolge Training mal ausfallen muss, weil irgendetwas anderes die Konzentration des Hundes zu stark beansprucht. Bitte nichts erzwingen. Es soll ja eine Freu-Folge sein!

So soll es nicht sein. Belohnung gibt es nicht für das Hochspringen!

So beginnt es. Kuckunniwi wird die Schnauzenhöhe bei der Freifolge angezeigt. Nur dort erwarten ihn Goodies.

Hier unterscheidet sich die Freifolge von der „Lockeren Leine“. Mensch und Hund sind aufeinander konzentriert.

5.10 Parcours

Das abschließende Element jeder Grundausbildung stellt die Arbeit im Parcours dar. Den meisten ist Parcoursarbeit aus dem Agility bekannt. Die Parcoursarbeit in der Grundausbildung des Therapiehundes hat aber wenig mit Prinzipien des Hundesports zu tun, sondern dient dem Hund zur spielerischen Vorbereitung auf den Umgang mit Hilfsmitteln, wie Rollstühle und Rollatoren, auf Therapien mit dem Patienten zur sensorischen Integration, zur Selbstbeherrschung und körperlichen Koordinationsschulung und dergleichen mehr. Es gibt Bücher, die gute Ideen zur spielerischen Parcoursschulung anbieten, daher beschränke ich mich auf die Darstellung der grundsätzlichen Parcoursformen.
Ein von Hunden meist sehr geliebter Parcours ist der **Sprung**. Ich empfehle am Anfang, den Sprung über eine Stange zu üben, die von zwei Personen gehalten wird. So kann individuell der Sprung über die Stange vorbereitet werden. Bei etwas ängstlichen Hunden kann damit gestartet werden, dass der Hund über die am Boden liegende Stange steigt. Dann wird die Höhe der Stange langsam gesteigert. Um zu vermeiden, dass der Hund ab einer bestimmten Höhe unter der Stange her kriecht, kann ein Tuch über die Stange gehängt werden. Auf der anderen Seite der Stange wartet stets ein Goodie und Hund wird schnell versuchen, um den Parcours herum zu laufen. Bitte verweisen Sie den Hund in solchen Situationen nie! Bedenken Sie die Empfehlungen für liebevolle Konsequenz. Ich zitiere aus diesem Kapitel: „*Tadel oder Strafe im weitesten Sinne können erst erfolgen, wenn Hund die Aufgabe verstanden hat, aber dennoch der Aufforderung nicht nachkommt. Während des Lernprozesses wären restriktive Maßnahmen ausgesprochen schädlich, denn der Hund kann ja noch nicht wissen, wofür er getadelt wird.*“ Ein sanftes „Nein“ und eine Zurückführung zur Startposition genügen völlig, damit Hund lernt, dass es erst eine Belohnung gibt, wenn der Sprung erfolgreich war. Das Springen liegt in der Natur des Hundes und es wird sich rasch ein selbstbestätigendes Verhalten einstellen, wenn Hund sich an den Sprung über vorgegebene Hürden gewöhnt hat. Dann kann der Parcours mit Hürden unterschiedlicher Höhe erweitert werden. Achten Sie darauf, dass die Höhe der Hürden

der Größe und Springfähigkeit des Hundes angemessen ist, dass die Stangen grundsätzlich herunterfallen, wenn Hund dagegen stößt und dass – vor allem im Wachstum und bei älteren Hunden – die Gelenke nicht überbeansprucht werden. Es kommt – anders als beim Agility Sport – nicht unbedingt auf Schnelligkeit an. Allerdings braucht Ergodog natürlich „Anlauf", wenn die Hürde höher ist. Dieselben Prinzipien gelten auch für die weiteren Parcoursformen: **Balance** – beispielsweise auf einem Holzstamm, der im Wald liegt, **Slalom** zwischen Stangen oder anderen Hindernissen und **Hindurchkriechen** durch einen Tunnel oder unter Stangen oder ähnlichen Hindernissen. Letzteres stellt mithin die größte Herausforderung dar, denn – sofern es nicht in der Rasse liegt, dass Hund sich für jede Form von Bau oder Höhle interessiert – der Tunnel kann zunächst angstbesetzt sein.
Also: Behutsamkeit walten lassen. Ist Hund gar nicht dazu zu bewegen, dann lassen Sie es. Es muss nicht jeder Ergodog alles können! Mit diesen vier Parcoursformen haben Sie eine gute Grundlage für die spezielle Ausbildung gelegt.

Parcoursübung bei Herrchen

Werden Hilfsmittel für die Hunde spielerisch erlebt, kann die Grundlage für die Ausbildung zum Therapiehund gelegt werden.

6. Baustein IV – Vorstellung ausgewählter Krankheitsbilder

6.1 Geistige Behinderungen

Der Begriff „geistige Behinderung" wird von der WHO wie folgt definiert:
„Geistige Behinderung bedeutet eine signifikant verringerte Fähigkeit, neue oder komplexe Informationen zu verstehen und neue Fähigkeiten zu erlernen und anzuwenden (beeinträchtigte Intelligenz). Dadurch verringert sich die Fähigkeit, ein unabhängiges Leben zu führen (beeinträchtigte soziale Kompetenz). Dieser Prozess beginnt vor dem Erwachsenenalter und hat dauerhafte Auswirkungen auf die Entwicklung.
Behinderung ist nicht nur von der individuellen Gesundheit oder den Beeinträchtigungen eines Kindes abhängig, sondern hängt auch entscheidend davon ab, in welchem Maße die vorhandenen Rahmenbedingungen seine vollständige Beteiligung am gesellschaftlichen Leben begünstigen.
Im Kontext der WHO-Initiative 'Bessere Gesundheit, besseres Leben' schließt der Begriff 'geistige Behinderung' auch Kinder mit autistischen Störungen ein, die geistige Beeinträchtigungen aufweisen. Er umfasst aber auch Kinder, die aufgrund vermeintlicher Behinderungen oder einer Ablehnung durch ihre Familie in Institutionen eingewiesen wurden und deshalb Entwicklungsstörungen und psychologische Probleme aufweisen." *

* S. URL: http://www.euro.who.int/de/what-we-do/health-topics/noncommunicable-diseases/mental-health/news/news/2010/15/childrens-right-to-family-life/definition-intellectual-disability Stand: 27.12.12;

Geistige Behinderungen können angeboren (Trisomie 21, Frühkindlicher Autismus) oder erworben (Demenz, SHT) sein.
Angeborene Behinderungen entstehen meist durch Vererbung. Es besteht aber auch die Möglichkeit, dass sich diese durch pränatale äußere Einflüsse wie z. B. Hirnblutungen, Traumen bei einem Unfall der Mutter, Alkohol-, Medikamenten und/oder Nikotinabusus, Pränatale Infektionen (Toxoplasmose), Entzündungen der Hirnhäute des Kindes (Meningo-/Enzephalitis), Frühgeburt etc. entwickeln.
Erworbene Behinderungen entstehen peri- oder postnatal. Dies kann z. B. durch Sauerstoffmangel während der Geburt (hypoxische Hirnschädigung), als Folge einer dementiellen Erkrankung (Alzheimer, vaskuläre Demenz), oder Alkoholabusus (Korsakow) etc. sein.

6.2 Demenz

Da Therapiehunde häufig bei Demenzen eingesetzt werden, soll an dieser Stelle näher auf das Krankheitsbild eingegangen werden. Demenzen haben, wie bereits erwähnt, unterschiedliche Ursachen. Sie können in Form eines Krankheitsbildes entstehen, z. B. Mb. Alzheimer, bei dem vor allem Nervenzellen des Gehirns absterben oder auf Grund von hohem Alter oder eines schlechten Gefäßstatus‘, z. B. als Folge von Diabetes Mellitus etc., vaskulär bedingt sein. Bei einer vaskulären (Multiinfarkt-) Demenz handelt es sich um Durchblutungsstörungen des Gehirns (Ischämien, Hämorrhagien) bei denen viele kleine unterversorgte Gehirnzellen absterben. Weiterhin kann es durch Hirnschädigungen, z. B. Vergiftungen durch starken Alkoholkonsum (Korsakow), Medikamentenabusus, SHT, Tumore, oder Infektionskrankheiten (z. B. HIV), zu demenziellen Erkrankungen kommen. Auch Mangelerscheinungen z. B. von Vitamin B12 oder Fehlfunktionen der Schilddrüse, exikotische Störungen und schwere Depressionen können zu demenziellen Symp-tomatiken führen, die jedoch bei Behandlung der Ursachen schnell wieder verschwinden. Als Demenz werden alle Krankheitsbilder

bezeichnet, die einen Verlust der geistigen Funktionen wie z. B. Erinnerung, Orientierung, Denkvermögen aufweisen.
Am häufigen wird die Demenz vom Alzheimertyp (ca. 60 % aller Demenzerkrankungen) diagnostiziert. Zeitlicher Orientierungsverlust und Vergesslichkeit bestimmen die ersten Symptome dieser Erkrankung. Sie ist eine neurodegenerative Erkrankung, die in späteren Stadien auch das extrapyramidale Nervensystem befällt und zu körperlichen Bewegungseinschränkungen führt. Die senile Demenz von Alzheimertyp wurde nach dem gleichnamigen deutschen Neurologen Alois Alzheimer benannt, der die Krankheit erstmals im Jahre 1907 diagnostizierte und die typischen Krankheitssymptome mit ihren Veränderungen im Gehirn beschrieben hat. Alzheimer ist eine typische Alterskrankheit, die i.d.R. nach dem 65. Lebensjahr auftritt und deren Häufigkeit mit zunehmendem Alter steigt. In seltenen Fällen kann sie auch ab 50 Jahre auftreten. Bei der Erkrankung handelt es sich um eine progrediente Ablagerung von Eiweiß-Spaltprodukten im Gehirn. Entartete Proteine (eiweißreiche Amyloide) lagern sich schädigend in und zwischen den Hirnzellen ab und vernichten somit einerseits die Zelle selbst und beeinträchtigen bzw. zerstören andererseits auch die Kommunikation (Reizübertragung) zwischen den Nervenzellen (Neuronen). Die betroffenen Zellen sterben im Laufe der Zeit ab und beeinträchtigen so das Gedächtnis, die Sprache und die Denkfähigkeit. Weiterhin verändern sich die Botenstoffe (Neurotransmitter) im Gehirn. Insbesondere die Produktion der Stoffe Glutamat und Acetylcholin sind bei der Alzheimer-Krankheit beeinträchtigt. Dieser Mangel äußert sich durch Konzentrations-, Aufmerksamkeits- und Gedächtnisstörungen.

In der Medizin wird die Alzheimer-Erkrankung in 3 Stadien unterteilt:

Im ersten Stadium sind erste geistige Beeinträchtigungen erkennbar. Dies äußert sich in Vergesslichkeit, insbesondere im Bereich des Kurzzeitgedächtnisses. Es kommt zunehmend zu Orientierungsproblemen und Verwirrtheit. Unsicherheit und Frustration, die dadurch erzeugt werden, können zu Stimmungsschwankungen bis hin zur Depression führen.

Im zweiten Stadium sind die geistigen Fähigkeiten bereits soweit beeinträchtigt, dass die Durchführung von alltäglichen Aufgaben stark eingeschränkt ist. Dies äußert sich in Ankleidestörungen, Vernachlässigung des Haushaltes (Verwahrlosung) und der persönlichen Hygiene, zunehmende Vergesslichkeit, Orientierungsstörungen sowie Sprach- und Erkennungsstörungen.

Im dritten Stadium sind die Betroffenen auf Grund des Verlustes von Alltagskompetenzen vollständig auf externe Hilfe angewiesen. Das Langzeitgedächtnis sowie die Interaktion und Wahrnehmung des eigenen Körpers sowie der Umwelt ist kaum noch vorhanden. Organische Funktionen sind ebenfalls zunehmend beeinträchtigt. Betroffene werden inkontinent und leiden unter Schlaf- und Schluckstörungen bis hin zu Myoklonien und Krampfanfällen. Bedingt durch die zeitlichen und räumlichen Orientierungsstörungen sowie die beeinträchtigte Hirnleistung kommt es häufig zu psychischen Symptomen wie Depression, Angst- und Wahnvorstellungen als Begleiterscheinung.

Eine genetische Disposition wurde in 5–10 % der Fälle festgestellt. Die genaue Pathogenese dieser Krankheit ist jedoch noch unklar.

Das amerikanische National Institute on Aging (www.nia.nih.gov) hat sieben Warnzeichen formuliert, die auf eine beginnende Alzheimer-Erkrankung hinweisen können:

Wenn eine Person ...

- immer wieder die gleiche Frage stellt
- wiederholt die gleiche Geschichte erzählt
- Beeinträchtigungen in alltäglichen Handlungen (Kochen, Waschen etc.) zeigt
- den Umgang mit Geld, Überweisungen und Rechnungen vergessen hat

- häufig Gegenstände verlegt oder an ungewöhnlichen Plätzen deponiert und evtl. Dritte verdächtigt, diese entwendet zu haben
- die persönliche Hygiene vernachlässigt und dies bestreitet
- die gestellten Fragen wiederholt

Werden mehrere dieser Zeichen erkannt, so sollte die betroffene Person beim Hausarzt vorstellig werden.

6.3 Apoplektische Insulte

Der apoplektische Insult oder Schlaganfall ist das am häufigsten auftretende Krankheitsbild in der geriatrischen Rehabilitation. Er bezeichnet verschiedene Erkrankungen, bei denen Hirnschädigungen als Folge von Durchblutungsstörungen oder Einblutungen entstehen. Die häufigste Form sind ischämische Insulte bzw. zerebrale Ischämien (Durchblutungsstörungen) die 70–80% aller Schlaganfälle ausmachen. Nur in 10–15% der Fälle kommt es z.B. auf Grund von Gefäßrupturen zu intrazerebralen Blutungen. Subarachnoidalblutungen treten sogar nur in 3% aller Fälle auf. Bei Sinus- und Hirnvenenthrombosen ist die Inzidenz noch unzureichend geklärt. Hirnvenenthrombosen bezeichnen thrombotische Verschlüsse innerer Hirnvenen z.B. V. cerebri magna, Vv. cerebri basales, Vv. cerebri internae mit potentieller Stauungsblutung ins Hirnparenchym (Hirngewebe). Die Standardunterteilung von Apoplexien erfolgt ätiologisch in ischämische und den hämorrhagische Insulte.

Beim ischämischen Insult entsteht eine arterielle Mangeldurchblutung im Gehirn, die in den meisten Fällen durch Ablagerungen (Arteriosklerose), Thrombenbildung oder Embolien verursacht werden. Häufig ist das Versorgungsgebiet der A. cerebri media betroffen, die weite Teile des seitlichen Gehirnes versorgt. Insbesondere der Gyrus angularis, der u.a. von der A. cerebri media versorgt wird, spielt eine entscheidende Rolle in der Vernetzung höherer Seh- und Hör-Zentren mit sensorischen und motorischen Arealen. Dadurch ist er an den Fähigkeiten wie Lesen, Schreiben und Rechnen entscheidend beteiligt und auch höhere kognitive Leistungen wie das Abstraktionsvermögen werden ihm zugerechnet. Eine Störung in diesem Bereich führt zu dem sogenannten Angularis-Syndrom, das Aphasie (Sprachstörung), Alexie (Leseunfähigkeit), Agrafie (Schreibunfähigkeit) und Akalkulie (Rechenunfähigkeit) vereint.

Der hämorrhagische Insult entsteht durch die Ruptur von Blutgefäßen und folgender Einblutung in das Hirngewebe. Ursachen sind u. a. Gefäßwandschäden in Folge von chronischer arterieller Hypertonie, Arteriosklerose, Fehlbildungen (z. B. Aneurysmen) und gefäßschädigende Prozesse, die z. B. durch unbehandelten Diabetes Mellitus verursacht werden. Je nach Blutungsintensität (bis zur Massenblutung) können dadurch umgrenzte oder weite Teile des Gehirnes geschädigt werden.

Als Folge von hämorrhagischen Insulten kann auch ein vasogenes (= von Blut-Gefäßen ausgehendes) Hirnödem entstehen. Dies geschieht durch die vermehrte Einlagerung von Wasser in das Gehirn als Folge der Apoplex bedingten Schädigung der Blut-Hirn-Schranke oder Blut-Liquor-Schranke. Dies führt zu einer Hirndrucksteigerung, die durch Volumenzuname des Gehirnes verursacht wird. Durch den steigenden Druck entstehen Symptome, wie z. B. Kopfschmerzen, Hirnnervenstörungen, Bradykardie (Herzschlag unter 60 Schläge pro Minute), Atemstörungen und Bewusstseinsstörungen. Steigt der Druck massiv an, kann weitere Hirnsubstanz (Nervenzellen) geschädigt werden was wiederum zu neurologischen Symptomatiken führt. Das Hirnödem stellt als Sekundärsymptomatik im Z. n. Apoplex (aber auch nach anderen Ereignissen wie Hypoxie oder SHT) eine gefürchtete Komplikation dar.

Die Folgen eines apoplektischen Insultes können je nach Lokalisation zu unterschiedlichen Symptomatiken führen. Typischerweise treten folgende Störungen auf:

- Hemiplegien / -paresen des Gesichtes, Armes, Rumpfes und / oder Beines
- Sensibilitätsstörungen (Parästhesie) und Taubheitsgefühle (Anästhesien) in den betroffenen Extremitäten bzw. (Teil-) Bereichen
- Neuropsychologische Symptomatiken (Apraxien, Anosognosien, Neglect-Syndrome, Agnosien, Räumliche Störungen, Störungen der Vigilanz, Störungen in der Performance, Aphasien, Teilleistungsstörungen, Verwirrung (Delir) etc.)

- Psychische Veränderungen (Depressive Symptomatiken, Persönlichkeits- und Charakterveränderungen etc.)
- Sehstörungen auf einem oder beiden Augen (z. B. einseitige Pupillenerweiterung, Gesichtsfeldausfall , Doppelbilder etc.)
- Vegetative Störungen (z. B. Schwitzen, Kaltschweißigkeit, Übelkeit, Erbrechen etc.)
- Funktionelle Störungen (z. B. Schwindel, Gleichgewichts- oder Koordinationsstörungen, Gangstörungen, Schluckstörungen (Dysphagie) etc.)
- Orientierungsstörungen (z. B. räumliche-, zeitliche-, situative, personelle- und örtliche Orientierungen)
- Amnesien

Bei Schlaganfällen können plötzlich und je nach Schweregrad auch gleichzeitig mehrere Symptome auftreten.
Der Grund, dass sich verlorene Fähigkeiten wiedererlernen lassen, obwohl die dafür zuständigen Hirnzellen durch die Läsionen zerstört wurden, liegt im funktionalen Reorganisationsprinzip. Da sich die geschädigten Neurone nicht mehr regenerieren können, steht dies zur den Rehabilitationserfolgen bei Schlaganfallpatienten jedoch scheinbar im Widerspruch. Vereinfacht lässt sich dies wie folgt erklären: Tritt eine Schädigung in einem Hirnareal auf, so wird immer das gesamte Gehirn in Mitleidenschaft gezogen. Dies liegt daran, dass das Gehirn ganzheitlich Informationen verarbeitet. Die anatomische Unterteilung in motorische-, sensorische-, visuelle-, akustische- etc. Bereiche dient lediglich der künstlichen Vereinfachung für medizinische Lehrverfahren. Tatsächlich ist das Gehirn in sich aber so stark vernetzt, dass eine Läsion in einem Teilbereich sich immer auch auf alle andere Bereiche auswirkt und somit das gesamte Gehirn betroffen ist. Das Gehirn hat eine „Notfallreserve“, um einerseits kleine Schäden (für eine kurze Zeit) zu überbrücken und andererseits Ressourcen zur Verfügung zu stellen, um größere Schäden zu minimieren oder gar zu zumindest zum größten Teil zu beheben. Genauso, wie das Netz der Blutversorgung

im Gehirn darauf ausgelegt ist, bei einem Verschluss eines Hauptgefäßes eine Notversorgung über andere Wege zu gewährleisten, steht auch ein Potential an Neuronen zur Verfügung, das insbesondere bei intensiver und korrekter interdisziplinärer Therapie in der Lage ist, die Arbeit der durch die Läsion zerstörten Zellen, zumindest zum größten Teil, zu übernehmen. Dadurch ergibt sich für Therapeuten die Chance, benachbarte Regionen der betroffenen Hirnzellen so zu stimulieren, dass sich diese neu organisieren und somit die Funktionen der zerstörten Bereiche übernehmen. Dies bedeutet, dass sich die Neuronen die Funktionen von Grund auf neu aneignen und sich in das Gesamtgefüge des Gehirnes integrieren müssen. Eine Reparatur der beschädigten Bereiche ist nicht möglich.

6.4 Komplexes regionales Schmerzsyndrom – Mb. Sudeck

Das komplexe regionale Schmerzsyndrom (Complex regional pain syndrome, CRPS) ist auch unter den heute i. d. R. nicht mehr verwendeten Synonymen Reflexdystrophie, Morbus Sudeck, Sudeck Dystrophie, Algodystrophie und sympathische Reflexdystrophie bekannt. Dabei handelt es sich um eine neurologisch – orthopädisch – traumatologische Erkrankung des Bewegungsapparates mit unterschiedlicher Lokalisation, das sich in anhaltenden, starken Schmerzen äußert, für die es scheinbar keine Ursache gibt. Am häufigsten sind in absteigender Reihenfolge die folgenden Bereich betroffen: Hand, Fuß, Schulter, Kniegelenk und Hüfte. Zu einem CRPS kann es nach jeder, auch geringen Verletzung des Gewebes in den genannten Regionen, aber auch spontan (idiopathisch) kommen. Die Pathogenese (= Krankheitsentwicklung) ist unbekannt. Meist geht der Erkrankung ein Unfall, eine Operation oder Verletzung im lokalisierten Bereich voraus. Der reguläre Heilungsprozess verläuft nicht wie erwartet. Anstelle einer Schmerzreduzierung erfolgt stattdessen eine Verstärkung an der betroffenen Stelle. Im Laufe der Zeit treten weitere Symptome hinzu, die unbehandelt einen chronischen Verlauf nehmen können. Patienten klagen über einen diffusen, heftigen Brennschmerz, der sich ähnlich wie bei einer Kausalgie (= Schmerzen nach Nervenverletzung) anfühlt. Häufig besteht eine **Hyperästhesie** (= gesteigerte Empfindlichkeit) bis hin zu **Allodynie** (= Berührungsschmerzen schon bei leichter, normalerweise nicht schmerzhafter Berührung). Durch eine Zirkulationsstörung sind die betroffenen Partien meist bläulich/lila livide verfärbt und ödematös (= aufgequollen) verändert. Häufig bemerken die Patienten eine erhöhte Schweißneigung am betroffenen Körperteil und eine Versteifung beteiligter Gelenke. Die Art der Gewebeveränderung lässt an eine lokal begrenzte vegetative (= der Entwicklung und Erhaltung des Organismus dienender Stoffwechsel) Entgleisung denken. Die gravierendste Form liegt im Bereich der Hand, da es hier zu einer Behinderung kommen kann, die zur Invalidität führt. An den unteren Extremitäten tritt das CRPS im Bereich des Fußgelenkes auf. In selteneren Fällen sind die Hüfte oder das Knie betroffen.

Die folgenden Symptome können beim komplexen regionalen Schmerzsyndrom auftreten:

- Schwellungen des betroffenen Gelenkes
- Durchblutungsstörungen der Haut
- Temperaturveränderungen der Haut (z. B. Überwärmung)
- Ödembildung
- Farbliche Veränderung der Haut (rötlich/livide)
- Ruhe- und Bewegungsschmerz im betroffenen Bereich
- Bewegungs- und Funktionseinschränkungen als Folge der starken Kapselschrumpfungen, Ödeme und Muskelatrophien
- Glänzende Haut
- Verstärktes oder vermindertes Nagel- und Haarwachstum an der betroffenen Extremität
- Berührungsempfindlichkeit

- Sensibilitätsstörungen
- Gewebsschwund an Haut, Unterhaut, Muskeln und Nägeln
- Muskelatrophie

Aus medizinisch-therapeutischen Gründen wird das Krankheitsbild in drei Stadien unterteilt:
Im Stadium I (akutes Stadium) tritt eine teigige Weichteilschwellung mit überwärmter, glänzender, geröteter, feuchter und brennend schmerzender Haut auf. Die Dauer liegt bei ca. 2–3 Monaten und endet mit den ersten, nachweisbaren röntgenologischen Zeichen einer fleckigen Entkalkung des Knochengewebes.
Das Stadium II (dystrophisches Stadium) ist klassisch durch die kühle, zyanotisch wirkende, trockene und zunehmend atrophische Haut mit Hypertrichosis (verstärkter Haarwuchs) gekennzeichnet. Es kommt zu einem deutlichen Rückgang der Schmerzen und zu einem anhaltenden Funktionsverlust, der durch die fortschreitenden Kapselschrumpfungen, Ödeme und Muskelatrophien bedingt ist. Die Dauer kann bei bis zu 6 Monaten liegen, aber nicht selten auch erheblich länger sein.
Das Stadium III (atrophisches Stadium) markiert das schmerzfreie End- oder Defektstadium. Alle Gewebestrukturen sind atrophisch und eine Bewegung der betroffenen Gelenke ist auf Grund der kontrakten Deformität nicht mehr möglich. Röntgenologisch sind die Spongiosa und die Verdünnung der Kortikalis gut sichtbar nachweisbar. Die Haut ist trocken, atrophisch und wachsartig. Das Stadium kann ab 6 Monate nach Krankheitsbeginn, teilweise aber auch erst nach 12–15 Monate einsetzen.

Die Ätiologie der Krankheit ist unklar. Sicher ist, dass eine vegetative und psychische Disposition vorhanden sein muss. Meistens liegt bereits eine Grunderkrankung in Form einer katabolen Stoffwechselentgleisung vor. Die Wissenschaft geht davon aus, dass Gewebetraumata (Unfall, Operation etc.), Herz-Kreislauferkrankungen, Thorakalerkrankungen (chron. Bronchitis, Tumor etc.), Leber-Galle-Erkrankungen,

Gefäßerkrankungen (Arterielle Hypertonie, Thrombose), Nervenerkrankungen – oft viral bedingt (Herpes zoster), Erkrankungen der Wirbelsäule und des Rückenmarkes, Hemiplegie/-parese nach Apoplex, Tumore, Immobilisation (bei langer und / oder inkorrekter Position im Gipsverband fixierte Extremität), oder idiopathische Gründe die Entstehung des CRPS begünstigen.

7. Baustein V – Die Ausbildung zum Therapiehund

- Begriffsklärung
- Das Mensch-Hund Team
- Routinen
- Der feste Platz
- Hundepartner
- Ungewohnte Geräusche und Bewegungen
- Gehhilfen, Rollstühle und Rollatoren
- Leise Töne
- Körper- und Selbstbeherrschung
- Rollstuhletikette
- Zusammenfassung: Lernziele und Prüfungsrelevanz für Therapeut und Ergodog

7.1 Begriffsklärung

Der Einsatz von Tieren zu pädagogischen und therapeutischen Zwecken ist in den letzten Jahren immer bekannter geworden. Leider fehlt die Trennschärfe zwischen den Einsatzgebieten, was häufig sowohl auf Kosten des Menschen geht, als auch auf Kosten der Tiere, die wenig artgerecht ausgebildet werden und für allerlei Kunststückchen herhalten müssen, die letztlich für den Menschen nicht von Nutzen sind. Monika Vernooij und Silke Schneider beschreiben in ihrem „Handbuch der Tiergestützten Intervention“ folgende Formen der seriösen tiergestützte Intervention:

Tiergestützte Aktivität

Unter tiergestützter Aktivität ist der Einsatz von Tieren in erster Linie im sozialen Kontext zu verstehen. Diese finden sich meist in Form von Tierbesuchsdiensten, beispielsweise in Alten- und Pflegeheimen und wird angeboten von *mehr oder weniger gut ausgebildeten Personen*, welche *ein Tier* einsetzen, das hierfür *geeignet sein soll.* Leitziel der tiergestützten Aktivität ist die Verbesserung des Wohlbefindens beim Menschen. Hierzu zählen auch Elemente der Lebensqualität mit ihren subjektiven Erlebenskomponenten, die zu einer Erhöhung der persönlichen Zufriedenheit führen.

Tiergestützte Förderung

Tiergestützte Förderung meint ein helfendes Einwirken auf die (Weiter-) Entwicklung eines Menschen im weitesten Sinne. Auf der Basis eines speziellen Förderplans sollen vorhandene Ressourcen, beispielsweise bei einem entwicklungsverzögerten Kind, gestärkt werden. Dies geschieht mit der Unterstützung eines *Tieres, welches für diesen Einsatz trainiert* wurde. Die durchführenden Personen müssen eine entsprechende pädagogische, sozialpädagogische oder sonderpädagogische *Grundqualifikation* besitzen. Das Konzept ist im Gegensatz zur tiergestützten Aktivität nicht allgemein gehalten, sondern orientiert sich an dem speziellen Klienten.

Tiergestützte Pädagogik

Die tiergestützte Pädagogik versteht sich als Weiterführung der tiergestützten Förderung eines Menschen – häufig (behinderten) Kindes bzw. Jugendlichen mit dissozialen Störungsbildern. Im Zentrum liegen die Förderung der sozialen und emotionalen Intelligenz. Dazu zählen Fähigkeiten wie: Kooperation mit anderen Menschen, angemessene Reaktionen auf deren Stimmungen, Erkennen der Motive und Wünsche anderer und die Fähigkeit, ein authentisches Selbstbild von sich zu gewinnen, Emotionen zu erleben, zu zeigen und zu verstehen. Die tiergestützte Pädagogik bezieht nicht nur die unmittelbare Interaktion zwischen Mensch und Tier mit ein, sondern auch die Verantwortung für das Umfeld des Tieres, dessen artgerechte Haltung, Fütterung und Beschäftigung. Die durchführenden Personen benötigen eine abgeschlossene Ausbildung in einem entsprechenden pädagogischen / psychologischen Beruf und fundierte Kenntnisse in der tiergestützten Pädagogik. Die eingesetzten Tiere müssen hierfür speziell trainiert sein.

Tiergestützte Therapie

Während die drei bisher beschriebenen Bereiche in der Allgemeinheit relativ unbekannt ist, wird der Bereich der tiergestützten Therapie häufig als Synonym aller dahingehenden Aktivitäten verwendet und entsprechend inflationär eingesetzt. Der Begriff „Therapie" impliziert jedoch die Behandlung von Krankheiten und hierzu sind nur Personen berechtigt, die eine entsprechende Ausbildung abgeschlossen haben. Als Sonderformen der tiergestützten Therapie unterscheidet man noch die tiergestützte Fokaltherapie, die tiergestützte (Kinder-) Psychotherapie und die tiergetragene Therapie, auf die hier jedoch nicht weiter eingegangen wird. Die tiergestützte Therapie beruht auf einer sorgfältigen Diagnostik des Patienten und einer genauen Problem- und Situationsanalyse. Entsprechend ausgebildete Therapeuten arbeiten mit spezifisch trainierten Tieren zusammen, die den integralen Bestandteil der Therapie bilden. Ziel ist die Verbesserung und Stärkung von Kompetenzen in den Aktivitäten des täglichen Lebens. Diese bezieht sich ebenso auf psychoemotionale wie motorisch-funktionelle Fähigkeiten und Fertigkeiten des Patienten. Beim Einsatz des Tieres kann der Therapeut zwei verschiedene Funktionen übernehmen: Er kann – mit entsprechender Ausbildung – (beispielsweise der zum Hundetrainer) selbst den Einsatz des Tieres lenken. Hier muss eine innige und respektvolle Beziehung zu dem Tier bestehen und das Tier muss in jedem Falle seinen Anweisungen folgen. Alternativ kann der Therapeut mit einem Tiertrainer zusammenarbeiten, der dann das Tier nach Anweisung des Therapeuten zum Einsatz bringt.

7.2 Der Einsatz von Hunden

Keine andere Tierart ist dem Menschen so eng verbunden, wie der Hund. Hunde sind verlässliche Partner und geduldige Zuhörer. Sie vermitteln das Gefühl, um seiner selbst willen akzeptiert zu werden. Sie zeigen Freude und Unbefangenheit im Umgang und fördern die Persönlichkeitsentwicklung, das Sozialverhalten, Verantwortungs- und Pflichtbewusstsein und nicht zuletzt die motorische und kognitive Entwicklung. In der tiergestützten Intervention wird der Einsatz von Hunden in Bezug auf ihre Aufgaben im Team Mensch-Hund unterschieden.

Servicehunde

Servicehunde werden hinsichtlich ihres Einsatzgebietes rassespezifisch ausgewählt und von professionellen Hundetrainern ausgebildet. Der wohl bekannteste Servicehund ist der Blindenführhund. Daneben gibt es noch die Behindertenbegleithunde (assistance Dogs), die auch LpF-Hunde genannt werden, da sie (behinderte) Menschen in lebenspraktischen Fähigkeiten unterstützen, wie beispielsweise im Haushalt oder beim Einkaufen. LpF-Hunde spielen unter anderem auch im ergotherapeutischen Einsatz eine große Rolle. Signalhunde (alert Dogs) werden für Menschen mit Hörbehinderungen, bzw. gehörlose Menschen ausgebildet. Der Hund macht den Menschen auf die Geräuschquelle (bspw. das Klingeln an der Haustür) aufmerksam. Eine Sonderform der Servicehunde stellen die Epilepsiehunde (seizure alert Dogs) dar, die beispielsweise bei einem epileptischen Anfall Hilfe holen können.

Therapiebegleithunde

Analog der häufig missbräuchlichen Bezeichnung der tiergestützten Therapie, wird auch mit dem Begriff des Therapiehundes zu inflationär umgegangen. Der Therapiehund oder Therapiebegleithund ist als Assistenz für den Therapeuten speziell ausgebildet. Im Gegensatz zum Behindertenbegleithund, dessen Bezugsmensch der Behinderte ist, lebt der Therapiebegleithund bei dem Therapeuten, der im Idealfall über fundierte Kenntnisse in der Hundeausbildung verfügt, bzw. eng mit einem Hundetrainer zusammenarbeitet. Voraussetzungen für

Therapiebegleithunde sind eine gute Sozialisation, optimaler Gesundheits- und Pflegezustand, stabile Bindung und Orientierung an seine Bezugsperson, Kommandosicherheit und guter Grundgehorsam, Freude an der Zusammenarbeit mit für den Hund fremden Menschen, hohe Toleranzbereitschaft und freundliches Wesen.

Sozialhunde

Die für die Therapiebegleithunde genannten Voraussetzungen gelten analog für Sozialhunde, die in der bereits beschriebenen tiergestützten Aktivität meist in Form von Besuchsdiensten eingesetzt werden. Auch hier ist eine sichere Bindung des Hundes zu seinem Menschen absolut wichtig. Weder Mensch noch Hund benötigen jedoch eine spezielle Ausbildung.

7.3 Das Mensch-Hund Team

Nachdem Hund und Mensch ihre Grundausbildung (siehe Baustein II) durchlaufen haben, hat sich ein „Mensch-Hund Team“ entwickelt.
Woran ist ein Mensch-Hund Team erkennbar? Ich habe bereits erwähnt, dass ein harmonisches Mensch-Hund Team vergleichbar ist mit einem routinierten Tanzpaar und ich möchte den Vergleich nochmals aufgreifen.
Wenn Sie (und Ihr Partner) tanzen lernen, schauen beide zunächst meist auf die Füße. Sie benötigen eine visuelle Kontrolle über neue Bewegungsmuster und achten dabei wenig auf ihre Umgebung. Ähnlich fixiert Mensch gerne seinen Hund in bestimmten Situationen, und wir fordern auch vom Hund, sich durch Blickkontakt auf seinen Menschen zu konzentrieren. Dies ist ein wichtiger, erster Schritt der gegenseitigen Beobachtung und Einstimmung – jedoch ist dies noch kein Zeichen von Harmonie. Bei einem routinierten Tanzpaar sehen Sie kaum noch die Impulse des „Führens“: Die Bewegungen beider Partner sind geschmeidig, fließend, elegant und die Partner sind in der Lage, gleichzeitig in einem bestimmten Stil zu tanzen und sich harmonisch auf ihre

Umgebung einzulassen. So zeigt ein Mensch-Hund Team seine Verbundenheit, der Hund sucht Kontakt zu seinem Menschen, beide sind in einer entspannten Verfassung. Und noch ein Hinweis scheint mir wichtig: die Ästhetik. Therapiehunde sind stets gepflegt, mit gebürstetem Fell, weichen, nicht spröden Pfoten, sauberen Geschirren und Leinen und ebenso gepflegter Ausstattung. Auch der Hundeführer hat in der Ausbildung geeignete Kleidung die Bewegungsfreiheit zulässt, über genügend Taschen für Zubehör und Leckerlis verfügt, und ohne störende, baumelnde Accessoires oder dergleichen, die die Arbeit mit dem Hund irritieren könnten.

Chakotay hat gelernt, auf Herrchens Rücken zu springen und ...

... fühlt sich dort absolut sicher.

7.4 Routinen

Ebenso wie die Grundausbildung, findet die Ausbildung zum Therapiehund an verschiedenen Orten mit unterschiedlichen Umgebungsbedingungen und Ablenkungen statt. Obwohl der meiste Therapieeinsatz der Hundes wohl in Räumlichkeiten stattfindet, empfehle ich, das Lernambiente so oft wie möglich nach draußen zu verlegen: Kurzen Lernphasen sollten stets längere Pausenphasen folgen. Es entspricht dem Bedürfnis der meisten Hunde, in ihren Pausen zu toben und zu schnüffeln. Da kommt ihnen eine Umgebung draußen mehr entgegen als geschlossene Räume. Zur Routine gehört jedoch – wie beim Gehorsam als Gewöhnung – draußen geübte Inhalte auch in Räumen abzurufen und zu üben. Zu den Inhalten, die für den Hund (in jeder Umgebungsbedingung) zur Routine zählen gehören:

Anleinen, Ableinen, Geschirr (Halstuch, Halsband) wechseln. Hierbei soll der Hund ruhig stehen oder sitzen und dort auch bleiben, bis er ein Auflösungskommando erhält. Hunde können über verschiedene Geschirre, Halsbänder oder Tücher Hinweise erhalten, welcher Therapieeinsatz als nächstes folgt.
Beispielsweise ist es bei nahem Körperkontakt für Mensch und Hund angenehmer, wenn der Hund nur ein Halstuch oder ein weiches Halsband trägt, als ein robustes Geschirr, mit dem er etwa Mobilisationsunterstützung durch Ziehen gibt.

Ruhig stehen oder sitzen bei der Begrüßung zwischen anderen Menschen. Der Hund soll weder an den anderen Menschen hochspringen, noch bellen oder sonst irgendwie auf sich aufmerksam machen. Dabei ist er locker angeleint oder sitzt neben seinem Menschen ohne Leine. Geht sein Mensch weiter, so folgt der Hund ohne noch länger bei den anderen Menschen zu verweilen. Dieses Verhalten bezieht sich auch auf die Begrüßung von Kindern (die etwa auf den Arm genommen werden) oder bei der Kontaktaufnahme zu Kindern im Kinderwagen.

Streicheln, Bürsten, Füttern. Therapiehunde sollen den Kontakt mit anderen Menschen mögen. Das Streicheln ist meist die erste Kontaktaufnahme und der Hund muss sich grundsätzlich überall am Körper berühren lassen. Dabei **muss** er auf seinen Menschen vertrauen können, dass dieser rechtzeitig eingreift, wenn der Patient den Hund falsch oder zu fest berühren würde. Patienten, die mit Therapiehunden arbeiten, haben meist den Wunsch, dem Hund etwas Gutes zu tun. Neben dem Streicheln ist auch das Bürsten des Hundes eine angenehme Situation. Für den Patienten ist es gleichzeitig eine neuropsychologische Herausforderung, mit dem Gegenstand Bürste in entsprechender Handlungsplanung den Hund zu pflegen. Idealerweise legt sich der Hund hier auch auf den Rücken und signalisiert somit Vertrauen gegenüber dem Patienten. Gerade in solchen Situationen muss sein Mensch ihm absolute Sicherheit bieten, und die Hand des Patienten zum Beispiel therapeutisch führen, damit die soziale Fellpflege gelingt. Eine besondere Herausforderung ist das Füttern des Hundes. Der Hundeführer muss konsequent daran arbeiten, dass sein Hund stets sehr langsam und vorsichtig das Leckerli aus der Hand nimmt. Dies kann mit „Nimm‘s und Nein“ trainiert werden: Mensch hält in geschlossener Faust ein Leckerli vor die Nase des Hundes. Mit einem bestimmten „Nein“ hindert er den Hund daran, das Leckerli zu bekommen. Erst wenn der Hund ruhig sitzt, wird die Hand geöffnet und der Hund mit einem aufmunternden „Nimm‘s“ aufgefordert, das Leckerli zu nehmen. Reagiert der Hund zu grob oder zu schnell, schließt sich die Faust sofort wieder, vom „Nein“ begleitet. Der Hund bekommt erst das begehrte Goodie, wenn er langsam und vorsichtig arbeitet. Größere Happen muss sich der Hund problemlos aus der Schnauze nehmen lassen, um sie dann erneut zu erhalten. Eine weitere wichtige Übung ist, dass der Hund lernt, etwas abzuschlecken, etwa wenn der Patient den Hund gerne füttern möchte, sich aber den direkten Kontakt zu Hundeschnauze noch nicht zutraut. Dann kann der Hund beispielsweise etwas Leberwurst oder Streichkäse von einem dargebotenen Löffel abschlecken.

Spielen, Loben, kleine Tricks. Der Therapiehund soll in seinem Einsatz Spielbereitschaft zeigen. Das Spiel ist immer noch die entspannteste Form des Kontaktes. Wurfspiele und kleine Zerrspiele eignen sich hierfür sehr gut. Die Spielbereitschaft ist auch für den Hundeführer ein wichtiger Indikator, ob Hund noch bei der Sache ist. Müde und gestresste Hunde zeigen wenig Spielbereitschaft. Ideal ist eine Apportierbereitschaft des Hundes, bei der er einen vom Patienten geworfenen Gegenstand zurückbringt. Dies muss kein Ball sein, der manchmal von Patienten mit Bewegungseinschränkungen schwer geworfen werden kann. Ergänzend oder alternativ hierzu kann auch ein Tuch mit Knoten oder dergleichen für Zerrspiele eingesetzt werden. (Siehe hierzu auch das Kapitel „Spielen“ im Baustein II.). Das Loben des Hundes stärkt auch das Selbstwertgefühl des Patienten. Der Hund soll auf das Lob freudig, mit Schwanzwedeln reagieren, jedoch nicht überschwänglich, indem er beispielsweise den Patienten anspringt. Auch Bellen als Reaktion auf das Lob kann irritierend wirken. Im Baustein II ist im Kapitel „Loben, ignorieren, verweisen“ bereits auf die Arten des Lobes eingegangen worden. Ein Therapiehund sollte kleine Tricks beherrschen, die er in jeder (entspannten) Umgebung zeigen kann. Dazu gehört beispielsweise „Pfötchen geben“, sich um sich selbst zu einem „Tänzchen“ drehen, „Männchen machen“ und dergleichen. Zu diesen Tricks soll er auch bereit sein, wenn der Patient ihn – nach Weisung des Hundeführers – dazu auffordert. In dieser positiven Form Einfluss auf den Hund zu haben, ist für viele Patienten sehr befriedigend und wertschätzend. Bei längerem Einsatz des Hundes am Patienten kann dieser dazu angeleitet werden, selbst dem Hund einen Trick beizubringen, was eine sehr förderliche Komponente in der sozio-emotionalen Entwicklung des Patienten ist. Bei allen Elementen muss der Hundeführer aktiv mit beteiligt sein und muss in der Lage sein, **jederzeit** seinen Hund aus der Situation abrufen zu können.

7.5 Der feste Platz

Es gibt im Einsatz des Hundes in der Therapie immer wieder Situationen, in denen der Hund (noch) nicht benötigt wird, oder Hund sich zurückziehen können muss, wenn es ihm zu viel wird. An dieser Stelle sei es nochmals erwähnt: falscher Ehrgeiz des hundeführenden Therapeuten ist für alle Beteiligten schädlich! Der Hund ist ein zu respektierendes Lebewesen, der unterschiedlich gut „in Form“ und „bei Laune“ sein kann. Wenn er in der Ausbildung oder im Einsatz mal seinen schlechten Tag hat, so ist dies zu akzeptieren! Druck seitens des Hundeführers, weil er sich seinem Patienten verpflichtet fühlt, bewirkt nur das Gegenteil. Denken Sie daran, liebe Leser, bei allen Kapiteln, die Ihnen beschreiben, was zum Therapiehund gehört, ist die Grundlage aller Dinge die Stimmungsübertragung durch seinen Menschen. Und ein ignorierender und ehrgeiziger Therapeut bietet sicher keine gute Arbeitsgrundlage.

Als „fester Platz“ bietet sich eine ausreichend große Decke an, die idealerweise auf der Unterseite wasserabweisend ist (für Arbeit im Freien) und leicht zusammengerollt transportiert werden kann. Wir haben in punkto Pflege schon darüber gesprochen: Zwei Decken sind das Mindeste, damit immer eine einsatzbereit ist, wenn die andere sich in der Wäsche befindet. Diese Decken sollen von Anfang an die Ausbildung begleiten und auch nur hierfür verwendet werden, also nicht auch noch als Autodecke oder dergleichen. Der feste Platz ist also ein Aufenthaltsort und Rückzugsort zugleich. Der feste Platz ist auch für den Patienten absolut tabu. Um den Hund an seinen festen Platz zu gewöhnen, kann ein Leckerli eine gute Unterstützung sein. Der Hund muss das Kommando „Bleib“ sicher beherrschen, damit er sich nicht aus eigenem Antrieb davon entfernt. Gleichzeitig bietet der feste Platz auch einen Schutzraum für den Hund in dem er sich „zu Hause“ fühlt, wenn beispielsweise sein Therapeut ihn mal für kurze Zeit alleine lassen muss.

7.6 Hundepartner

Bereits in den frühen Sozialisationsphasen soll Hund ausreichend und regelmäßig Kontakt zu seinen Artgenossen haben. Im Kapitel „Sicheres Abrufen“ habe ich beschrieben, dass es darauf ankommt, sich für den Hund so interessant zu machen, dass er zu seinem Menschen läuft, auch wenn er gerade im Spiel ist. Hierzu benötigt Mensch jedoch ein gewisses Feingefühl: Wenn die Hunde schon darauf warten, miteinander spielen zu können, dann soll man ihnen auch eine gewisse Zeit zum Toben gewähren, ohne sofort wieder abzurufen. Steht diese Zeit nicht zur Verfügung, dann lieber das Spiel verschieben, als die Hunde zu frustrieren.

In der Begegnung mit anderen Hunden wird vom „Therapiehund im Dienst“ Disziplin erwartet – etwa analog zu Polizei- und Rettungshunden. Diese „Diensthaltung“ kann hervorragend unterstützt werden durch bestimmte Geschirre oder Halstücher, also quasi „Uniformen“ die der Hund in seiner Dienstzeit trägt. Bitte verzichten Sie auf Halsbänder oder Tücher, wenn Sie mit Patienten arbeiten, die danach greifen könnten, um sich festzuhalten. Dies kann den Hund in eine beängstigende Situation bringen. Idealerweise tragen auch Sie als Hundeführer entsprechende Dienstkleidung – sei es zum Training oder auch im Einsatz. Ein weiteres Zeichen, dass Mensch und Hund im Dienst sind, ist: Keine Ausnahmen! Wenn Sie mit Ihrem Hund trainieren, dann trainieren Sie. Wenn Sie beide nicht in Stimmung sind, dann lassen Sie‘s. Ein bisschen Training, gerade so dass es reicht, ist wie ein bisschen Feuerlöschen, wenn es brennt. Entweder richtig oder gar nicht! So wird vom Therapiehund im Training oder im Dienst also erwartet, dass er an lockerer Leine und in Freifolge neben seinem Menschen an anderen Hunden vorbeigeht und ohne entsprechendes Kommando auch keinen selbstständigen Kontakt zu ihnen aufnimmt. Dabei sollten Sie als Hundeführer für Ihren Hund unvorhersehbar bleiben: bei manchen Trainings dürfen die Hunde zwischendurch oder anschließend spielen, bei manchen aber auch nicht. Wenn Sie stets das Training mit Spielerlaubnis beenden, so kann es passieren, dass die Hunde zum (gefühlten) Ende der Trainingszeit unruhig werden, weil sie auf ihre Spielbelohnung warten. Möchten

Sie den Hunden in jedem Fall ein gemeinsames Toben gönnen, so gehen Sie nach dem Training lieber an einen anderen Ort.

7.7 Ungewohnte Geräusche und Bewegungen

Die beste Art, seinen Hund an Geräusche und Bewegungen vom Welpenalter an (dosiert) zu gewöhnen ist, ihn überall mit hinzunehmen. Auch wenn Sie kein Bus- oder Bahnnutzer sind, sollten Sie mit Ihrem Hund öfter mal mit diesen Verkehrsmitteln einen Ausflug machen. Gehen Sie mit ihm in die Innenstadt, setzen Sie sich draußen an einen belebten Bereich und verfolgen Sie in aller Ruhe, was da so vorbeikommt und wie es sich anhört. Von der Polizeisirene bis zum Inline Skater, vom Rollstuhlfahrer bis zum Bagger. Beobachten Sie Ihren Hund genau: die meisten Hunde wirken erst einmal neutral: Ohren nach vorne gerichtet, Schwanz hängend. Zwingen Sie Ihren Hund nicht, sich zu setzen oder gar Platz zu machen. Das macht er von selbst, wenn ihm danach zu Mute ist. Gestatten Sie ihm – nach Möglichkeit – auch etwas an zu schnuppern. Im Zweifelsfalle fragen Sie Passanten, ob Ihr Hund mal schnuppern darf. Zeigt der Hund Unsicherheit, so heben Sie Ihre Stimme und freuen sich über das Objekt oder das Geräusch: „Ja so fein, ein Fahrradfahrer – Super!“ Vielleicht reagieren Ihre Mitmenschen irritiert, aber ich habe noch nie erlebt, dass jemand ärgerlich darüber war, dass ich mich über ihn mit meinem Hund gefreut habe. Meiden Sie jedoch zu laute, andauernde Geräusche. Sie müssen sich nicht minutenlang an einer lärmenden Baustelle aufhalten! Geben Sie sich und Ihrem Hund auch Gelegenheit in der Dämmerung oder im Dunkeln Objekte zu sehen: Vom Hasen, der über das Feld hoppelt, bis zu der Silhouette eines Baukranes. Zeigt Ihr Hund Angst, so gehen Sie beherzt auf den Baukran zu, freuen sich über ihn und streicheln ihn vielleicht. Mutige Herrchen und Frauchen sind für Hund äußerst imponierend. Tanzen Sie! Alleine oder mit ihrem Partner oder mit Freunden (achten Sie auf die Lautstärke der Musik. Es soll kein „Diskothek Ambiente“ aufkommen). Machen Sie Gymnastik.

Hüpfen Sie auf einem Bein, krabbeln Sie auf allen Vieren. Verkleiden Sie sich. Setzen Sie Hut oder Faschingsperücke auf, schminken Sie Ihr Gesicht bunt. Zu viel Aufwand, meinen Sie? Im Gegenteil: gehen Sie spielerisch an die Sache heran. Sie brauchen garantiert weniger Zeit, als einen ängstlich oder gar angst-aggressiven Hund zu desensibilisieren, wobei hier die Frage gestellt werden muss, ob dieser Hund überhaupt noch als Therapiehund geeignet ist. Im Handel gibt es sehr geeignete Geräusch CDs mit Alltagsgeräuschen. Lassen sie diese ab und zu auch in Ihrer Wohnung laufen: Während Hund schläft oder frisst oder spielt. Einen wesentlichen Unterschied, Fremdgeräusche betreffend, sollen Sie beachten: solche, die Emotionen transportieren und neutrale Geräusche. Das Weinen eines Kindes mag deutlich leiser sein, als ein vorbei scheppernder LKW, aber es transportiert intentionale Botschaften wie Kummer oder Angst. Ähnlich werden auch Schreie von Menschen empfunden, beispielsweise bei behinderten Menschen, die sich durch diese Schreie selbst stimulieren oder vokale Tics beim Tourette Syndrom. Gerade in solchen Situationen ist es sehr wichtig, den Hund nicht zu beruhigen – denn sonst verknüpft er die Botschaft, dass etwas Bedrohliches stattfindet, vor dem er geschützt werden müsse. Stattdessen bleiben Sie neutral, bzw. belegen die Situation mit einem freudigen „ja fein!“ oder ähnlichem. Manche Hunde haben in dieser Hinsicht ein „dickes Fell“. Fühlt sich Ihr Hund merklich dieser Situation erst mal nicht gewachsen, so gewinnen Sie räumlichen Abstand vor den lauten Patienten und lassen Sie Ergodog langsam eingewöhnen. Grundsätzlich kann es in der Ausbildung von Ergodog zu einzelnen (!) Situationen kommen, in denen er sich trotz Übung nicht wohlfühlt. Dann meiden Sie einfach den therapeutischen Einsatz mit Ergodog mit diesen Patienten. Ihr Hund muss kein „Allrounder“ sein. Sie als TherapeutIn haben sicher auch Ihre Stärken und Schwächen in der Arbeit mit Patienten.

Im Training bauen Sie immer wieder bekannte und unbekannte Objekte mit ein, die auf dem Boden liegen oder geworfen werden oder sich in einer Tüte oder einem Sack befinden. Der Hund sollte sich mindestens optisch damit ausreichend auseinandersetzen dürfen. Vielleicht auch beschnüffeln und (wenn die Hygiene es erlaubt), daran lecken. Vielleicht soll er ja auch lernen, bestimmte Objekte zu apportieren. Manche Hunde neigen dazu, zum Stressabbau kurz zu wuffen oder zu bellen. Untersagen Sie ihm dies mit einem Abbruchkommando. (Siehe hierzu auch das Kapitel „Loben, Ignorieren, Verweisen".)

7.8 Gehhilfen, Rollstühle und Rollatoren

Gestatten Sie mir, dass ich fortan das Wort „Geh-hilfen" nur noch mit einem „h" schreibe.
An diesem Wortspiel soll deutlich werden, dass ***Gehilfen*** – ebenso wie andere Hilfsmittel, freundliche Unterstützer sind und Begriffe wie „an den Rollstuhl gefesselt" endlich aus unserem Sprachgebrauch verschwinden müssen. Das ist vor allem für SIE als Therapeut für die Stimmungsübertragung auf Ergodog sehr wichtig (Sie erinnern sich an das Kapitel „Überlegungen zur Caniditát?). Bevor Ergodog in der Ausbildung mit Patienten und ihren Gehilfen arbeitet, muss er spielerisch diese Objekte erfahren können. Verfügen Sie an Ihrem Arbeitsplatz nicht über solche verfügbaren Hilfsmittel, kann man auch bei Sanitätshäusern oder Krankenkassen (ausrangierte) Rollis u. ä. entleihen. Hier kommen nun dem Hund die Erfahrungen aus seiner Grundausbildung im Parcours zu Gute: Er kennt sich aus mit (vermeintlich) sinnlosen Gegenständen, die er umkreisen soll, unter denen er durchschlüpfen oder auf diese draufspringen soll. Als Parcoursaufgaben dient nun Rollstuhl und Rollator, der, je nach Größe des Hundes, durchkrabbelt oder besprungen wird. Stöcke können umkreist werden, man kann darüber steigen oder sie auch als Hürde benutzen.
Ist Ergodog soweit, die Hilfsmittel mit Spannung und Herausforderung zu akzeptieren, folgt die Lektion „implemental gimmick" – also Tricks rund um unsere „Gehilfen". Hier muss der Therapeut in die Rolle des Patienten schlüpfen. Zum einen, weil Hund es gewöhnt ist, von seinem Menschen ausgebildet zu werden, zum anderen, weil in der Arbeit

mit dem Patienten der Therapeut beispielsweise mal dessen Rollstuhl nutzt, um den Trick mit dem Hund zu zeigen, damit der Patient weiß, was auf ihn zukommt. Die Gimmicks sind vielseitig:
Ein Leckerli wird in den Schoß des Rollstuhlfahrers geworfen und Hund holt dieses behutsam ab. Kleiner Hund springt auf die Sitzfläche des Rollators und lässt sich so herumfahren.
Großer Hund springt mit den Vorderpfoten an die Rollatorgriffe und bringt ihn so zum Patienten. Der Hund lernt unter dem jeweils nach vorne gesetzten Stock zickzack zu gehen und fordert so die Aufmerksamkeit des Patienten für dessen Bewegungen.

7.9 Leise Töne

Dass Hunde sehr gut hören, ist selbst dem Laien bekannt. Im alltäglichen Umgang verständigen wir uns mit unserem Hund in menschlicher Lautstärke und wir neigen dazu, lauter zu werden, wenn wir mit unserem Hund schimpfen. Das ist insoweit in Ordnung, weil eine gewisse Lautstärke einfach zum Menschenleben gehört und auch Hunde „laute Sprache" in ihrem Bellen ausdrücken, bzw. auch lauter und tiefer Knurren, wenn sie einen Artgenossen verweisen. In der Ausbildung zum Therapiehund kann es jedoch sehr förderlich sein, leise zu sprechen und einzelne Elemente der Sprache durch leise Töne zu ersetzen. Dazu gehören Laute wie ...schschschsch... oder ...ssssssssssss... oder ...mmmmmmmmmm. Sie können auch versuchen mit der Zunge zu schnalzen oder ganz leise zu pfeifen. Üben Sie, zu welcher „Lautakrobatik" Sie fähig sind und beobachten Sie dabei Ihren Hund, auf welche „gentle sounds" er am meisten anspricht. Üben Sie in jeder Umgebung. Obwohl Hund fantastisch hört, kann es sein, dass Ihre gentle sounds neben einem Polizeiauto im Einsatz untergehen.
Selbstverständlich belegen Sie die leisen Töne auch mit Bedeutung: Soll Hund bei „ssssss" Aufmerksamkeit zeigen, oder langsamer laufen oder ...?

Leise Töne bringen eine entspannte Atmosphäre und erhöhen die Aufmerksamkeit von Hund und Patient für die Therapie.

7.10 Körper- und Selbstbeherrschung

Ein Hund, der Erfahrungen in Parcours hat und Tricks kann, verfügt bereits über eine solide Grundlage an Körperbeherrschung und Selbstbeherrschung. Vorausgesetzt: er wird wirklich sorgfältig und konsequent ausgebildet. Das beginnt schon bei der Übung „Sitz". Der Hund setzt sich auf das Hörzeichen „Sitz" und/oder das Sichtzeichen „erhobener Zeigefinger" in Erwartung eines Leckerlis. Bekommt er dieses und er hebt dabei seinen Hundepopo um dem Leckerli entgegen zu kommen, so darf er dieses in dieser Situation nicht erhalten. Er muss fest sitzenbleiben! Oftmals gehen solche Abfolgen so schnell, dass Mensch höllisch aufpassen muss, den geeigneten Zeitpunkt nicht zu verpatzen. Grundsätzlich fördern und festigen alle Elemente aus der Grundausbildung die Selbstbeherrschung des Hundes. Ein weiterer guter Trainingsansatz ist das Arbeiten mit mehreren Hunden in der Ausbildung, bei dem Ergodog der Erste geduldig auf seinem festen Platz warten muss, bis Ergodog der Zweite seine Übung absolviert hat – und dafür ein Goodie bekommt. Sinnvoll ist es, mit Ergodog an dessen Körperbeherrschung zu arbeiten, denn manchmal ist es ein Balanceakt, mit den Patienten in Verbindung zu treten und sei es nur, wenn die Vorderpfoten ruhig im Schoß des Patienten liegen und die Hinterpfoten noch auf dem Boden stehen. Oder wenn Ergodog behutsam und sanft in den Arm oder auf den Schoß des Patienten springen soll. Das Trainingswort hierfür heißt: Balance. Es gehören sehr viel Selbstdisziplin und ein sehr kontrollierter Muskeltonus dazu, Balance zu halten. Trainieren Sie mit Ihrem Hund, so oft sich die Gelegenheit bietet, auf Mäuerchen zu balancieren oder im „Steh" zu verharren, auch wenn der Untergrund unsicher ist, wie beispielsweise ein schmaler Steg über einem Bach. Gehen Sie mit ihm im Winter auf Eisflächen. Stellen Sie zwei stabile Kisten auf

und lassen Sie ihn mit den Vorderpfoten auf der einen – und mit den Hinterpfoten auf der anderen Kiste stehen.
Üben Sie mit ihm, auf einem schmalen Brett zu laufen und dort zu wenden. Wippen und Schaukeln auf Fitness-Parcours sind hervorragend geeignet. (Dass Sie hier peinlich genau darauf achten, etwaige „Hinterlassenschaften“ zu entfernen, versteht sich von selbst.) Im Hinblick auf Decken, Kissen, Kathederschläuche u. ä., die Patienten mit sich führen, ist es notwendig, mit Ergodog zu üben, auf bestimmte Gegenstände nicht zu treten, oder unter einem angehobenen Schlauch hindurchzukriechen, enge Wendungen um Rollstuhl und Rollator zu beherrschen und präzise stehenzubleiben, wenn das Kommando fällt.

7.11 Rollstuhletikette

Ergodog muss in jeder therapeutischen Situation gutes Benehmen zeigen. „Rollstuhletikette“ soll als Oberbegriff für die Arbeit mit dem Patienten stehen und bezieht den Umgang mit anderen ***Gehilfen*** mit ein. Was für den sitzenden Patienten im Rollstuhl gilt, ist für den liegenden Patienten im Bett oder in einem Pflegerollstuhl übertragbar. Die Diskussion, ob Hund und Bett hygienetechnisch vereinbar sind, möchte ich nicht führen. Ist es machbar – ist es machbar. Gibt es Gründe, die dagegen sprechen, um Mensch und Hund (!) zu schützen, fällt das Bett als therapeutisches Einsatzgebiet eben weg.
Zur Rollstuhletikette gehören folgende Verhaltensweisen: Der Hund bleibt gelassen, wenn ihm Personen begegnen, die sich ungewöhnlich bewegen und /oder Stöcke oder Unterarmgehstützen haben. Sie können mit den Stöcken auf den Hund zeigen und ihn sanft damit berühren. Der Hund lässt sich streicheln, auch wenn neben dem Patienten noch Stöcke oder Rollator stehen.
Je nach Größe und Robustheit des Hundes (nicht jeder Therapiehund ist hierfür geeignet!), duldet der Hund rasche Berührungen durch den Patienten. Hund lässt sich (außer im Genitalbereich!) überall anfassen.

Er darf und muss seinem Hundeführer Signale setzen, wenn es ihm zu viel wird (etwa durch Kopf abwenden) und er muss sich darauf verlassen, dass sein Hundeführer eingreift. Der Hund bleibt gelassen, wenn die Hände des Patienten oder dessen Körper durch den Therapeuten am Hund geführt werden. Bei stark bewegungseingeschränkten Patienten kann Hund sich neben sie beispielsweise auf eine Decke legen. Er akzeptiert die Kontaktaufnahme durch den Patienten, auch wenn diese ungeschickt ist. Der Hund ist seinerseits in der Lage nach Weisung durch den Hundeführer, sanft Kontakt aufzunehmen, indem der den Patienten sanft mit den Pfoten oder mit der Nase anstupst. Das Belecken des Patienten sollte vermieden werden und nur auf Geheiß des Hundeführers eingesetzt werden, etwa beim Ablecken der Hände des Patienten. Hund nimmt erst Kontakt zum Rollstuhlfahrer auf (auf den Schoß springen oder Pfoten auflegen), wenn er das Kommando erhält. (Sollte die Begegnung draußen stattfinden und der Hund schmutzige Pfoten haben, so sollte dem Patienten vorher ein Handtuch auf den Schoß gelegt werden.) Der Hund darf nicht etwas Essbares belecken oder gar in die Schnauze nehmen, wenn es sich in der Hand des Patienten befindet. Dies ist insbesondere beim Umgang mit Kindern und Rollstuhlfahrern zu beachten, deren Hände sich in „Schnauzenhöhe" des Patienten befinden. Kommt es zu überraschenden Geräuschen, ein Stock fällt um oder ein Patient schreit unwillkürlich, oder kommt es zu überraschenden Bewegungen, beispielsweise ataktischen Mustern des Patienten, kann der Hund sich dem zuwenden, muss aber gelassen bleiben, er darf weder Angst noch Aggression zeigen. Bei Unsicherheit kann er sich durch den Hundeführer beruhigen lassen. Der Hund zeigt Spielbereitschaft mit dem Patienten, lässt sich auf Aufforderungen durch den Patienten ein, passt sein Spielverhalten (unter der Führung seines Menschen) den Möglichkeiten des Patienten an. Der Hund ist bereit, bei dem Patienten zu bleiben, wenn der Hundeführer sich aus der unmittelbaren Nähe entfernt. Der Hundeführer sollte aber stets in Sichtweite für Ergodog bleiben.

7.12 Zusammenfassung: Lernziele und Prüfungsrelevanz für Therapeut und Ergodog

Abschließend werden die einzelnen, wichtigen Schritte der Therapiehundeausbildung tabellarisch dargestellt. Das dient dem Überblick, was das Mensch-Hunde Team lernen muss, und auf welchem Ausbildungsniveau Sie und Ergodog sich gerade befinden.

Ausbildungselemente im Welpen- und Junghundalter, bzw. wenn ein (auch älterer Hund) neu in sein Familienrudel kommt.
In diesem Falle gelten die Abschnitte analog den Bedürfnissen des Junghundes.

Prägephase (4.–7. Woche)	Ständiger Kontakt zu der Mutter und den Wurfgeschwistern. Behutsame (!) und vielseitige (!) Erfahrungen mit Kindern, Erwachsenen und anderen Tieren. In keinem Fall (!) totales Abschirmen des Wurfes vor äußeren Einflüssen.
Rangordnungsphase (13.–16. Woche)	Der Hund muss Benehmen lernen! Zeigt der Welpe unerwünschtes Verhalten, dann „Knurren“, Abwenden, kurzfristig den Kontakt abbrechen. Viel Fell- zu Fellkontakt – dicht bei seinem Menschen liegen, Schnauzenstoß gewähren, häufige alters- und rassegerechte Spiele mit viel Abwechslung. Weiterhin behutsamer Kontakt mit Außeneinflüssen. Häufige Schlafphasen des Welpen beachten. Keine Überforderung.
Rudelordnungsphase (4. – 6. Monat)	Mensch zeigt stabile Rudelführerqualitäten! Futter, Spielzeug, erhöhte Liegeplätze gehören dem Menschen und er verteilt die Ressourcen. Der Mensch verlässt und betritt vor dem Hund die Wohnung. Beginn der Grundausbildung des Hundes. Spielen und Schmusen, Spielen und Schmusen, Spielen und ... etc.
ggf. Jagdbedürfnis umleiten (ca. ab 10. Monat)	Hund muss sicher abrufbar sein. Viele Spiele als Alternative zum Jagen: Apportieren, Dummyspiele etc.

Die Grundausbildung des Hundes
(ca. ab dem 4. Monat, bei Hunden großer Rassen ab dem 6. Monat)

Vertrauensbildende Maßnahmen	Sichere Mensch-Hund Bindung ausbauen; Futter aus der Hand füttern, schmusen, Fell- zu Fell- und Schnauzenkontakt, sicheres Verhalten des Rudelführers in der Begegnung mit anderen Hunden, mit Menschen und im Kontakt in für den Hund beängstigenden Situationen. Aufbau und Unterstützung des Selbstvertrauens beim Hund. Heranführen an verschiedene Umgebungsbedingungen. Zeit nehmen und Überforderung vermeiden.
Liebevolle Konsequenz	Sicherheit und Zielstrebigkeit im Handeln des Rudelführers. Nicht mit dem Hund üben in gereizter oder unsicherer Stimmung. Stimmungsübertragung freundlich und gezielt einsetzen. Keine unangemessenen Verweise. Lernsituationen stets positiv besetzen.
Gehorsam als Gewöhnung	Gute Lernatmosphäre schaffen. Geeignete Lernsituationen finden. Anforderungen langsam steigern und auf verschiedene Umgebungsbedingungen übertragen. Gelerntes grundsätzlich vom Hund einfordern. Rassegerechte Betätigung anbieten. Hund muss arbeiten können! Lob und Tadel in verschiedenen Tonlagen. Auf Körpersprache achten, Calming Signals beachten und einsetzen. Hunde kann man nicht „diskret" erziehen.
Spielen und Verstärken	Verstärker erster, zweiter und dritter Ordnung beachten. Außer mit Leckerlis auch mit Spiel, Streicheln, Zuwendung arbeiten.

	Mensch braucht gute Reaktionsfähigkeit, um erwünschtes Verhalten in den ersten 2–3 Sekunden zu bestätigen bzw. unerwünschtes Verhalten zu ignorieren. Sich in das Spiel mit dem Hund von ganzem Herzen einbringen. Stimmungsübertragung beachten! Nach Möglichkeit viele Spiele auf Hundehöhe am Boden spielen. Geeignete weiche und kleine Goodies für das Training verwenden.
Loben, Ignorieren, Verweisen	Loben „in höchsten Tönen", beim Verweisen zunächst durch Abwenden und Ignorieren die Wirkung auf den Hund beachten; Mensch soll „knurren" lernen. Laut und mit tiefer Stimme schimpfen. Stets Calming Signals des Hundes beachten. Bei schweren Vergehen des Hundes – wie beispielsweise auf die Straße laufen – auch deutlich verweisen durch Griff ins Nackenfell oder Schnauzengriff. Dominanzgesten zeigen. NIE klapsen oder schlagen! Auf jeden Tadel folgt mindestens doppelt so viel Lob!
Sicheres Abrufen	Wenn der (junge) Hund von sich aus kommt, dies positiv verstärken, Kommando einführen und nur für das Abrufen verwenden. Kommando mittels Einsatz von Schleppleine sichern und durchsetzen. Ablenkungen langsam steigern. Nur Abrufen, wenn Sie 90%-ig sicher sind, dass Hund auch kommt. Sonst lieber den Hund holen.
Sitz, Platz, Bleib und Steh	Wie das Abrufen positiv verstärken, wenn der Hund das Verhalten von sich aus zeigt. Anforderungen langsam steigen. Nicht üben, wenn der Hund zu stark abgelenkt ist oder Sie unter einer erhöhten Spannung stehen (Vorführeffekt!).

	Auf Stimmungsübertragung achten! Deutliche Kommandos einführen. Zu Hörzeichen immer Sichtzeichen anwenden. Auf Körperhaltung achten.
Lockere-Leine-Training	Mit geeigneter Leine und Geschirr arbeiten. Halsbänder – wenn überhaupt – erst einsetzen, wenn der Hund die Leinenführigkeit sicher beherrscht. Nur üben, wenn Zeit und Gelegenheit günstig sind. Sonst lieber Schleppleine einsetzen, an der der Hund (im Gegensatz zur Führleine) auch ziehen darf. Konsequenz! Wenn sich der Hund an der Führleine befindet, **muss** er „lockere Leine“ gehen. Der Hund muss auf der vom Hundeführer vorgegebenen Seite bleiben und darf nicht vor- oder hinter dem Hundeführer kreuzen. Keine Flexi-Leinen, wenn der Hund das Gehen an der lockeren Leine noch nicht beherrscht. Flexileinen nur in Ausnahmesituationen einsetzen – beispielsweise bei Hündinnen während der Läufigkeit.
Freifolge	Mit Goodies arbeiten, die immer auf einer bestimmten Kopfhöhe des Hundes neben seinem Menschen gegeben werden. Darauf achten, dass der Hund Blickkontakt zu seinem Menschen aufbaut. Freifolge in verschiedenen Tempi und Richtungen üben. Start- und Auflösungskommando trainieren. Freifolge erfordert mehr Konzentration als Lockere – Leine – Gehen! Den Hund nicht überfordern!
Parcours	Verschiedene Parcoursformen einüben. Auf Trainingsgrundsätze achten. Mit Sprungparcours beginnen, dann Balance, Slalom und Tunnel üben. Hat der Hund starke Angst vor dem Tunnel, auf diese Parcoursform verzichten.

Ausbildungselemente Ergodog
(fließend einführen, wenn der Hund die jeweiligen Grundausbildungsinhalte gut bis sicher beherrscht)

Routinen	Ergodog steht ruhig und sicher beim An- und Ableinen und bei Wechseln der Geschirre und Halstücher. Verschiedene Geschirre / Leinen- bzw. Halstücher für unterschiedliche Aufgaben einsetzen. Ergodog lässt sich ruhig streicheln und bürsten. Er nimmt Futter vorsichtig aus der Hand oder vom Boden auf. Er beherrscht die Kommandos „Nimm‘s“ und „Nein“. Er kann verschiedene Spiele, je nach Schwierigkeitsgrad und Aktivitätsanforderung. Ergodog ist jederzeit abrufbar, beherrscht sicher die Freifolge und kann kleine Tricks als implemental gimmicks in der therapeutischen Arbeit.
Der feste Platz	Ergodog ist auf seinen festen Platz konditioniert. Hierhin kann er sich zurückziehen, wenn es ihm zu viel wird, bzw. beherrscht das sichere und ruhige Warten während therapeutischer Sequenzen, in denen er gerade nicht eingesetzt wird. Es gibt eindeutige Kommandos, die ihn auf den Platz schicken, bzw. vom Platz holen.
Hundepartner	Ergodog versteht das Anlegen seiner „Dienstkleidung“ als sicheres Zeichen, dass er nicht beliebig mit dem Hundepartner in Kontakt treten darf. Er beherrscht die entsprechenden Abbruch- bzw. Erlaubniskommandos.
Ungewohnte Geräusche und Bewegungen	Ergodog ist an ungewohnte Geräusche und Bewegungen gewöhnt. Er hat entsprechendes Alltagstraining durchlaufen und verhält sich sicher beim Einsatz entsprechender Geräusch CDs.

	Er reagiert gelassen bei verkleideten Personen (auch mit unterschiedlichen Kopfbedeckungen), bei Personen mit ungewöhnlichen Gangmustern (z. B. Humpeln) und bei krabbelnden Kindern.
Gehhilfen, Rollator, Rollstuhl	Ergodog ist mit den verschiedenen Gehhilfen vertraut. Er beherrscht Parcoursaufgaben und implemental gimmicks.
Leise Töne	Ergodog hört auf leise Töne und beobachtet und beachtet die Körpersprache seines Menschen in der Arbeit mit Patienten.
Körper- und Selbstbeherrschung	Ergodog beherrscht sicher Sitz, Platz, Steh und Bleib. Er kann (bei entsprechender) Größe sanft auf den Schoß des Patienten springen. Er kann sanft Futter aus der Hand nehmen. Er orientiert sich in der Arbeit am Patienten ausschließlich an seinem Menschen.
Rollstuhletikette	Ergodog lässt sich (fast) überall berühren. Er hat keine Angst vor Stöcken, Prothesen u. ä. Er hat eine absolut sichere und vertrauensvolle Bindung zu seinem Hundeführer. Er nimmt nur nach Aufforderung Kontakt zu anderen Menschen / Hunden auf. Er zeigt weder Angst noch Aggression bei plötzlichen, ungewohnten Bewegungen und/oder Lautäußerungen des Patienten.

8. Baustein VI – Ergotherapie in den Krankheitsbildern

8.1 Ergotherapie bei Demenz

Für die generelle Behandlung von Demenz gibt es zwei Therapieansätze. Die medikamentöse und die nichtmedikamentöse. Für die Therapie wird i.d.R. eine Kombination aus beiden gewählt. Medikamente tragen zur Verbesserung der geistigen Leistungsfähigkeit bei oder verhindern weitere Schädigungen im Gehirn. Des Weiteren werden sie zur Behandlung von Begleitsymptomatiken der Demenz (Schlafstörungen, Unruhe, Angststörungen etc.) eingesetzt. Die nicht-medikamentöse Therapie fördert die Ressourcen der Betroffenen z. B. in Form von Bewegungstherapien, Gedächtnistrainings, kreativen Therapien wie Mal- oder Kochtherapie und Spielen, aber auch Sprachtherapie.
Wie bei jedem verschreibungspflichtigen Heilmittel muss auch die Ergotherapie an die individuellen Gegebenheiten, d. h. Ressourcen und Defizite der dementen Patienten angepasst werden. Anders als bei den reversiblen Demenzen (z. B. Mangelbegleiterscheinungen) sind die chronisch progredienten Typen (z. B. senile Demenz vom Alzheimertyp) mit erheblichem und langwierigem ergotherapeutischen Aufwand verbunden. Die Therapien sollten möglichst vielseitig sein, damit eine ganzheitliche Behandlung gewährleistet ist. Das bedeutet, dass unterschiedliche Therapieverfahren, Methoden und Medien eingesetzt werden müssen, um den progredienten Verlauf soweit es geht zu verlangsamen. Ziel ist es, den Betroffenen zu ermöglichen, so lange wie möglich den Alltag selbst und ohne Unterstützung bewältigen zu können.

Verschiedene nicht-medikamentöse Therapieverfahren, haben sich in der Praxis nachweislich am besten bewährt:

- **Tiergestützte Therapie**
  Bei Tiergestützten Therapie kommen bevorzugt Hunde zum Einsatz, aber auch andere Tiere wie Katzen, Frettchen usw. dienen als erfolgreiche Unterstützer. Dabei geht es um eine Kombination aus psychosozialen und motorisch-funktionellen Prozessen, die u. a. die Psyche, Bewegungskoordination und Lebensfreude fördern sollen.

- **Basale Stimulation**
  In der Basalen Stimulation werden gezielte taktile, visuelle, akustische, olfaktorische und gustatorische Reize gesetzt, um die Wahrnehmung und die integrative Verarbeitung zu der Betroffenen zu fördern. Sie wird ab dem zweiten Stadium des dementiellen Prozesses angewendet.

- **Selbsterhaltungstherapie**
  Bei der Selbsterhaltungstherapie handelt es sich im Wesentlichen um Biographiearbeit. Hier wird das Wissen des Patienten über sich und seine Familie immer wieder aufgearbeitet. Dabei werden die Angehörigen aktiv mit in diese Therapie einbezogen. Sie wird ab dem Frühstadium durchgeführt.

- **Realität-Orientierungs-Training (ROT)**
  Das ROT kann z. B. zur Förderung der Tagesstruktur und für die Gestaltung des persönlichen Lebensraumes (z. B. Zimmer) eingesetzt werden. Es ist jedoch zu beachten, dass diese nur im Frühstadium des dementiellen Prozessen eingesetzt werden kann, da sie im fortgeschrittenen Stadium zur Überforderung und zu Negativerlebnissen führt, die sich negativ auf das Wohlbefinden auswirken würden. Daher wird sie nur selten eingesetzt.

- **Integrative Validation**
  Die Integrative Validation ist eine Kommunikationsform, die eine Verbindung zu dementiell erkrankten Menschen ermöglicht. Sie besteht aus einfachen, praxisorientierten Techniken, die i.d.R. leicht anzuwenden sind. Dadurch wird eine vertrauensvolle Basis

zwischen Therapeut und Patienten hergestellt, die die Compliance der Patienten deutlich erhöht und den täglichen Umgang deutlich erleichtert. Diese Therapieform sollte nicht vor dem Beginn des fortgeschrittenen Stadiums angewendet werden, da sie von geistig noch „fitten“ Menschen als unangemessen empfunden wird und diese sich nicht ernst genommen fühlen.

- **Milieutherapie / Wohnraumgestaltung**
  Bei dieser Therapieform geht es um die Gestaltung der Umwelt, die Organisation der Betreuung, die Einstellung und Wissen der menschlichen Umgebung sowie um den Umgang mit den betroffenen Personen. Sie bietet Kontinuität und Struktur über den gesamten Krankheitsverlauf hinweg und kann bereits ab dem Frühstadium eingesetzt werden.

- **Tanztherapie**
  Durch rhythmische Bewegungen und dynamische Abläufe wird den Betroffenen Sicherheit und Kontinuität vermittelt. Sie fördert die Eigen- und Fremdwahrnehmung, schafft Handlungsfreiräume und reaktiviert das Erinnerungsvermögen durch immer wiederkehrende Bewegungsmuster. Sie ist ein nonverbales Ausdrucksmittel, das sowohl die Konzentration, die Ausdauer und die Orientierung im Raum unterstützt.

- **Musiktherapie**
  Die Musiktherapie ist ein bewährter Ansatz in der Behandlung von demenziellen Prozessen. Durch Singen, Musizieren und Zuhören, in Einzel- und Gruppentherapien, ist sie in jeder Phase der Erkrankung eine Bereicherung für den Alltag.

- **Kunsttherapie**
  Die gezielte Anwendung von Farbe, Bewegung und Rhythmus fördert die Kreativität und bietet eine nonverbale Ausdrucksform, die zur Steigerung des Wohlbefindens führt. Sie kann in jedem Stadium angewendet werden. Manchmal müssen im Frühstadium „Hemm-

schwellen“ durch gezielte Vorübungen abgebaut werden, da nicht jeder Patient einen Zugang zu Pinsel und Farbe oder anderen kunsttherapeutischen Verfahren hat.

- **Snoezelen**
  Snoezelen ist eine Entspannungstherapie, die grundlegende Sinneserfahrungen im taktilen, auditiven, kognitiven und / oder emotionalen Bereich mit einbezieht. Je nach Stadium der Erkrankung muss auf mögliche Reizüberflutungen geachtet werden. So ist die Therapie vor allem im Früh- oder fortgeschrittenen Stadium sinnvoll.

- **Systemische Therapie**
  Bei der systemischen Therapie steht das Beziehungsgefüge des Betroffenen im Vordergrund. Sie dient der Entwicklung von neuen Interventionsmaßnahmen und therapeutischen Strategien. Der Einsatz ist in jedem Stadium möglich.

- **10-Minuten-Aktivierung**
  Mit Hilfe von zeittypischen Utensilien werden Erinnerungen aus der Vergangenheit des Betroffenen besprochen. Dadurch wird das Erinnerungsvermögen gefördert und der Patient motiviert, sich damit auseinanderzusetzen. Sie ist in jeder Phase der Erkrankung einsetzbar.

- **Gartentherapie**
  Die Gartenarbeit ist vielen vor allem heute alten Menschen vertraut. Ob der Patient aus dem landwirtschaftlichen- oder städtischen Bereich kommt ist hier i.d.R. unerheblich. Die Arbeit fördert die Bewegung, erhält Arbeitskompetenzen, trainiert die Koordination und aktiviert die Sinne. Dadurch entsteht ein Wohlbefinden, das sich positiv auf den Betroffenen auswirkt. Die Gartentherapie ist in allen Stadien auf unterschiedlichem Niveau einsetzbar.

- **Aromatherapie**
  Durch die gelegentliche olfaktorische Sinnesaktivierung können negative Begleitsymptome der Demenz wie z. B. Unruhe, depressive Verstimmung sowie Angst- und Schlafstörungen positiv beeinflusst werden. Sie wird i.d.R. in jedem Stadium von Betroffenen als angenehm empfunden. Die Aromatherapie sollte aber nicht als Dauerlösung eingesetzt werden, da sich durch den Übereinsatz das Wohlbefinden reduzieren würde.**

- **Sensorische Integration (SI)**
  Bei der SI geht es um die sinnvolle Ordnung von Sinneseindrücken. Sie wird zur Förderung der Wahrnehmung oder Erfassung des Körpers und/oder der Umwelt eingesetzt. Dies erfolgt i.d.R. durch Ganzkörperbewegungen die eine Stimulation des Gleichgewichtssinnes, der Eigenwahrnehmung und des Tastsinnes beinhalten. Sie dient der Verbesserung der Verarbeitungsprozesse im Gehirn und der sinnvollen Ordnung von Empfindungen.

8.2 Ergotherapie bei apoplektischen Insulten

Nach einem Schlaganfall ist in den ersten drei Monaten (akutes Stadium) i.d.R. der größte Rückgang von Symptome zu erwarten. Ab dem sechsten Monat (chronisches Stadium) sind im Normalfall kaum noch spontane Verbesserungen zu beobachten. Mit der entsprechenden Therapie können leicht betroffene sensomotorische Funktionen jedoch auch noch nach Jahren verbessert werden, sofern dahin keine Komplikationen, wie z. B. Spastiken oder Kontrakturen (auf Grund von schlechter oder keiner Behandlung) aufgetreten sind. Circa 75 % der Patienten mit Hemiparesen werden jedoch mit Einschränkungen wieder gehfähig. Die Betroffenen benötigen dann Hilfsmittel (z. B. Unterarm Gehstützen,

---

** Vgl. URL: http://www.demenz-kompakt.com/Therapien_1.php; Stand 29.12.12;

Rollatoren etc.) und / oder können nur kurze Strecken zurücklegen. Nur in den seltensten Fällen bleiben minimale Einschränkungen zurück. Bei ca. 80 % kehren die Funktionen der oberen Extremitäten zurück. Jedoch können nur etwa 5 % Arme und Hände wieder uneingeschränkt verwenden. In den restlichen Fällen bleiben je nach Schwere Funktionseinschränkungen zurück. Des Weiteren leiden ca. 80 % aller Schlaganfallbetroffenen, oder Personen mit anderen Hirnläsionen, an einer Einschränkung der Aufmerksamkeit. Dadurch können höhere kognitive Funktionen beeinträchtigt sein und so z. B. das Erlernen von Coping- und Kompensationsstrategien erschwert sein. 10–15 % der Apoplexien führen zu einer vaskulären Demenz. D. h., dass die intellektuellen Funktionen infolge zerebrovaskulärer Erkrankungen beeinträchtigt sind. Die Inzidenz nimmt mit dem Lebensalter zu. Wissenswert ist, dass Einschränkungen mentaler Funktionen zu gravierenden psychosozialen Problemen führen können. Bemerkt z. B. ein Patient bestimmte Schwierigkeiten während der Therapie nicht, so können therapeutische Interventionen zur Vermeidung von Selbstgefährdung vom Patienten als Schikane empfunden werden. Bei Gedächtnisstörungen kann sich der Betroffene nach Abräumen des Mittagstisch beschweren, weshalb er nichts zu essen bekommt. Bei einem akustischen Neglect nach links kann es passieren, dass betroffene Personen nicht reagieren, wenn sie von der betroffenen Seite aus angesprochen werden. Dies kann ein Gesprächspartner bei ungenügender Aufklärung als Beleidigung empfinden. Weiterhin kann es passieren, dass Betroffene auf Grund von auftretenden neuropsychologischen Symptomen, z. B. Agnosien, Teilleistungsstörungen, Verwirrung etc., von anderen als dumm eingestuft werden.

Die Therapie bei Schlaganfall muss so früh wie möglich beginnen! Auf der Intensiv-/Akutstation wird bereits mit allgemeiner Mobilisation, Lagerung und anderen therapeutischen und pflegerischen Maßnahmen zu Vermeidung von Komplikationen begonnen. Die weitere Therapie wird an der Vigilanz (Bewusstheitszustand) des Patienten sowie der Art und Intensität der Symptomatik angepasst. Weiterhin ist die Angehörigenarbeit in der Ergotherapie eine wichtige Komponente. Angehörige können die Patienten unterstützen und so den Heilungsprozess fördern. Daher ist es wichtig, sie über die Erkrankung aufzuklären und ihnen Möglichkeiten aufzuzeigen, wie die Betroffenen unterstützt und gefördert werden können. Wichtig zu wissen ist, dass die Familie auch krankmachende Faktoren haben kann. Erfolgt keine Aufklärung, so kann aus Unwissenheit die Funktionsstörung des Betroffenen zu Unverständnis bei den Angehörigen führen und so die weitere Genesung erschweren. Die Ergotherapeuten haben auch die Aufgabe sich die Sorgen und Nöte der Familie anzuhören und diese durch Tipps und beratenden Gesprächen psychologisch zu unterstützen. Angehörigen kann das Hilflosigkeitsgefühl genommen werden, wenn sie in die therapeutischen Maßnahmen mit eingebunden werden und aktiv etwas zur Gesundung des Patienten beitragen können. Nicht zu unterschätzen ist auch die „Lobbyistenarbeit“, die Angehörige leisten können um gegenüber Versicherungen und anderen Trägern nicht im Heilmittelkatalog stehende Behandlungen zu finanzieren und/oder eben solche Hilfsmittel durchzusetzen.

Wie bereits beschrieben, nutzen Therapeuten das funktionale Reorganisationsprinzip, um neue motorische und sensorische Funktionen anzubahnen und je nach Schwere der Schädigung zu fördern. Durch gezielte Übungen (z. B. durch therapeutisches Führen eines plegischen oder paretischen Armes beim Trinken einer warmen Tasse Kaffee) wird vom Bekannten zum Unbekannten gearbeitet. D. h., die Neurone, die die neue Aufgabe nun übernehmen sollen, wissen ja noch nicht wie der Arm zu bewegen ist – der Rest des Gehirns weiß aber, wie sich eine warme Tasse Kaffee anfühlt, wie der Kaffee riecht, wie er schmeckt, und wie die Tasse am Mund anzusetzen ist, um richtig trinken zu können. Durch die Integration möglichst vieler Sinnesmodalitäten und Einbeziehen bereits vorher bekannter Handlungen können die verlorengegangenen Informationen schneller neu aufgebaut werden. Das Gehirn funktioniert nach dem Prinzip der Aktivierung und der Hemmung. Es kommen kontinuierlich neue Reize aus der Umwelt im Hirn an, auf die permanent neu reagiert werden muss (Reiz-Reaktionsprinzip). Hier kommt der Thalamus ins Spiel. Er filtert unwichtige Reize aus und lässt nur besonders starke zum Gehirn passieren. Dies erfolgt über Nervenzellen, welche die Reizantwort entweder erlauben = aktivieren oder untersagen = hemmen und befähigt nach diesem Prinzip das gesunde Gehirn zur Steuerung von vielen Milliarden Zellen und somit aller Lebensvorgänge. Dieses Prinzip hat allerdings auch Konsequenzen für den Fall einer Hirnschädigung. Nach einer Läsion folgt ein schockähnlicher Zustand der Nervenzellen im Gehirn mit meist anschließendem Chaos in der Organisation. In diesem Chaos überwiegt meist der Versuch Reservehirnzellen zu aktivieren, um die Arbeit zu übernehmen. Dabei kommt die Hemmungsfunktion zu kurz und es folgt eine Hyperreaktion, die sich im motorischen Bereich in Form von Hypertonus der Muskulatur, d. h. einer Spastik, zeigt. Es ist also die Aufgabe der Therapeuten, das Gehirn durch physiologische Therapieangebote (z. B. therapeutisches Führen, korrektes Lagern, Basale Stimulation, Sensitraining mit vorwiegend alltagsrelevanten Materialien etc.) zu unterstützen, eine Reorganisation im Bereich der Hemmung zu fördern und somit ein Gleichgewicht herzustellen, das einer gesundes Körperfunktion entspricht.

8.3 Ergotherapie bei komplexem regionalen Schmerzsyndrom

Die ergotherapeutische Behandlung beim komplexen regionalen Schmerzsyndrom orientiert sich immer am Zustand des Patienten: Welche Symptome (z. B. Schmerz, eingeschränkte Gelenkbeweglichkeit etc.) zeigt er und in welcher psychischen Verfassung befindet er sich? Da die CRPS eine vegetative Entgleisung mit psychischer Interdependenz darstellt, ist bei der symptomatischen Therapie unbedingt die psychische Komponente mit einzubeziehen. Das bedeutet, dass Therapeuten besonders kreativ arbeiten müssen, um den Patienten zu erreichen und eine schnelle Genesung zu gewährleisten. Dies kann z. B. dadurch erfolgen, dass der Therapeut seine sensorischen und motorischen Übungen in eine Geschichte einbaut, die er dem Patien-

ten erzählt und die dieser sich vorstellen soll. Dabei ist es wichtig den Heilungsrhythmus des Patienten zu beachten. Oberstes Gebot in der CRPS-Therapie ist ein ruhiges und entspanntes Setting herzustellen, um den Heilungsprozess zu fördern. Auch eine Interaktion mit dem betreuenden Arzt des Patienten, der bei Bedarf Glukokortikoide, Trizyklische Antidepressiva, Analgetika, Antiphlogistika und Rheologika verschreibt bzw. verabreicht, kann die Arbeit des Therapeuten im Hinblick auf die symptomatische Behandlung erleichtern.
In der der Akuten Phase können gesteigerte Stoffwechselfunktionen, Entzündungszeichen (Calor, Rubor, Tumor, Dolor und functio laesa), hypertone Muskulatur, eingeschränkte Gelenkbeweglichkeit bedingt durch Spontan- und/oder Belastungsschmerz etc. vorliegen. Hier werden u. a. folgende therapeutische Maßnahmen durchgeführt:

- Lagerung der betroffenen Extremität in Funktionsstellung
- Evtl. Versorgung des Patienten mit Einhänderhilfen (Hemi-Essbrettchen, Griffverdickungen für Tür und Schlüssel, Knopfeinfädelhilfen etc.)
- Schützen der Hand vor starken thermischen Einflüssen (z. B. im Sommer) z. B. durch Bandagen
- Zirkulationsförderung des Blutes durch grobmotorische, bilaterale Bewegungen. Hierbei muss ein evtl. Schmerzschub des Patienten beachtet werden
- Übungen werden lediglich in aktiver Form ausgeführt und dabei die Schmerzgrenze des Patienten beachtet
- Parallel dazu erfolgt eine psychische Betreuung
- ...

In der chronischen Phase ist der Stoffwechsel manchmal gesteigert und manchmal herabgesetzt und die Haut ist geringer durchblutet. Es treten trophische Störungen wie starker bzw. verminderter Haar- und Nagelwuchs, glänzende Haut etc. und / oder atrophischer Muskelschwund auf. In diesem Stadium werden u. a. folgende Therapiemaßnahmen angewendet:

- Aktive Mobilisation ohne zusätzliche Schmerzreize an schrägen Ebenen
- Es wird mit verdickten Griffen gearbeitet, um Schmerzen beim Greifen zu reduzieren und die Gelenke zu schonen
- Dynamische Faustschlussübungen fördern die Bewegung und den Abbau von bestehenden Ödemen
- Isolierte Bewegungsübungen für das Handgelenk, um das Bewegungsausmaß zu erhalten bzw. zu erweitern
- Einsatz von funktionellen Spielen zur Förderung der Mobilität
- Die Verwendung von Therapiekitt dient der Mobilisation der Finger sowie des Faustschlusses und des Handgelenkes
- Bilaterales Malen dient der Entlastung der betroffenen Hand und der Durchblutungsförderung
- Der Einsatz von Medien mit unterschiedlichen Oberflächen (idealerweise Alltagsgegenstände wie z. B. Bürsten, Waschlappen, Handcreme aber auch andere Materialen wie Sandpapier, Vogelfedern, Eicheln, Kastanien etc.) werden für das Sensibilitätstraining verwendet
- Weiterhin können Schwämme, die im Wasser ausgedrückt werden, zur Anwendung kommen
- Wichtig ist die Mobilisierung der angrenzenden Gelenke, da durch Schmerzen meist unbewusste Kompensationsbewegungen entstehen, die wiederum zu neuen Schmerzen in anderen Gelenken oder auch Verspannungen führen
- Spezielle Schienen (Dynamische Schienen) werden angepasst, um den Kraftaufbau zu fördern
- In dieser Phase ist darauf zu achten, nicht passiv und nicht in den

Schmerz des Patienten hineinzuarbeiten. Dies wirkt sich negativ auf die Genesung aus

In der Phase der Rückbildung kommt es zu einer Stoffwechselminderung. Die Haut ist normal gefärbt oder blass und es entsteht eine Dauermuskelatrophie. Wichtig ist eine Wärmebehandlung, z. B. der Einsatz eines Heizkissens an der betroffenen Extremität, zur Förderung der Durchblutung, bevor mit passiven Maßnahmen begonnen wird. Evtl. werden auch Arbeitsplatzadaptionen im Rahmen von beruflichen Rehamaßnahmen bei chronifizierten Zuständen benötigt. Der Einsatz von handwerklich gestalterischen Techniken soll die aktive Muskulatur fördern.

- In dieser Phase werden Medien wie in Stadium zwei, aber unter verstärktem Einsatz von Druck und Widerständen und unter Verlängerung der Therapiezeiten angewendet.

9. Baustein VII – Einsatz des Therapiehundes in der Praxis

Bevor ich auf einzelne Einsatzmöglichkeiten eingehe, möchte ich vorausschicken, dass ich bewusst nur wenige Beispiele aufführe. Als erfahrene Therapeuten wissen Sie, wie contraindiziert das rezepthafte Abarbeiten von Therapieempfehlungen ist. Die von uns in diesem Buch vorgestellten Krankheitsbilder und ihre Behandlungsmöglichkeiten sind insbesondere für den Einsatz von Ergodog geeignet. Bereits während der Ausbildung mit Ergodog und in Ihrer alltäglichen Arbeit mit Patienten werden sich Ihnen immer wieder Bereiche eröffnen, in denen in Ihrem ganz speziellen Arbeitsgebiet der Einsatz eines Therapiehundes empfehlenswert und förderlich ist. Eine Trennung in motorische, sensorische, sozioemotionale und kognitive Komponenten ist schwer, da sich letztlich im Umgang mit Ergodog vieles miteinander vermischt. Insofern beschränke ich mich auf primär typische Anwendungsbeispiele in der Arbeit mit einem Therapiehund in den Bereichen:

- Motorik und Psychomotorik
- Kognition und Lernen
- Wahrnehmung und Verarbeitung
- Emotionale und soziale Kompetenzen
- Sprache und Kommunikation

Es versteht sich bei allen Empfehlungen von selbst, dass Grundlage jeden Arbeitens das **Vertrauen** Ihres Hundes in Sie ist. Daher initiieren Sie bitte grundsätzlich nur therapeutische Aktionen mit Ergodog, wenn Sie **sicher** sind, **dass Ihr Hund sich dabei wohlfühlt**!

9.1 Motorik und Psychomotorik

Die wohl für Mensch und Hund beliebteste Form der (Psycho)-Motorik ist das Streicheln. Dem Streicheln geht jedoch eine spezielle Kontaktaufnahme voraus und: meist wird der noch fremde Hund falsch gestreichelt. Der Patient kann also lernen, zunächst dem Hund mit Calming Signals freundlich zu begegnen. Dazu gehört die Kopfstellreaktion. Beim Kind verläuft die motorische Entwicklung von cranial nach caudal. Erst muss der Kopf gehalten und gezielt bewegt werden können, damit Rumpfmotorik und die der Arme und Beine – bis hin zur Feinmotorik der Hände ausreifen können. Analog werden auch nach Hirnschädigungen die Kopfstellreaktionen trainiert, um weitere motorische Komponenten aufzubauen. Einzigartig am Einsatz von Ergodog ist, dass er die Kopfhaltung des Menschen und seine mimische Kommunikation beantworten kann. So kann Ergodog beispielsweise trainiert sein, sich beim Senken des Kopfes hinzusetzen und beim Heben des Kopfes zu kommen. Auch ein Abwenden des Kopfes als Beschwichtigungsverhalten dient dem artgerechten ersten Kontakt. Der Patient kann dabei wiederum Reaktionen des Hundes beobachten, was sowohl die Wahrnehmung als auch die Kommunikationsbereitschaft des Patienten fördern. Viele Menschen streicheln im ersten Kontakt den Kopf des Hundes, weil der Hundekopf vermeintlich der Hand des Menschen am nächsten ist. Berührungen am Kopf sind jedoch Dominanzgesten, die Hund bei ihm nicht vertrauten Menschen nicht gerne mag. Die Schulter des Hundes ist für die erste Berührung weitaus besser geeignet. Der Mensch muss sich meist dazu im Rumpf beugen, wenn der Hund neben ihm steht. Bei Hunden kleiner Rassen sollten diese jedoch auf einen Stuhl oder Hocker springen, wenn der Patient nicht so rumpfstabil ist, sich zu bücken. Die Hundeschulter oder -Flanke bietet auch ein breiteres Berührungsfeld als das Hundegesicht, so dass auch motorisch ungeschickte Patienten den Hund berühren können, ohne den Hund zu stören. Bei stark bewegungseingeschränkten Menschen kann Ergodog die Kontaktaufnahme durch das Auflegen der Pfote auf die Hand oder den Arm des Patienten beginnen. Sie bemerken liebe Leser, wie differenziert und vielseitig bereits der Einsatz von Ergodog in der ersten Kontaktaufnahme ist. Erweiternd können Motorik, Bewegungskoordination und Handlungsplanung eingesetzt werden, in der Arbeit mit Objekten, wie beispielsweise einer Hundebürste oder einem Frotteehandtuch zur Fellpflege. Das behutsame Arbeiten wird auch mit einem Wattepad trainiert, um Ergodogs Ohren außen zu säubern. Auch die Füße des Menschen finden ihren Einsatz, wenn sie nur mit Socken bekleidet oder barfuß sanft den vor ihnen liegenden Hund streicheln. Kür sind komplexe Handlungsfolgen wie das Anlegen von verschiedenen Halsbändern/-Tüchern, Geschirren und Leinen. Kindern machen Tierarztspiele Spaß, bei denen mit einem Stethoskop der Herzschlag von Ergodog auskultiert wird, oder spielerisch ein Pfotenverband angelegt wird. Eine weitere, sehr spezielle psychomotorische Leistung ist das Füttern von Ergodog. Hier kann die Feinmotorik der Patientenhand mit verschieden großen Goodies beübt werden, auch das Schließen und Öffnen der Hand lassen sich mit der „Nimm‘s- und Nein-Übung“ fördern. Gehtraining macht mit Ergodog an der lockeren Leine mehr Freude und eine Kür der besonderen Art ist die Arbeit in einem Parcours mit Ergodog in Freifolge. Bleibt noch die Vielzahl der positiven Einflüsse auf das Wohlbefinden zu erwähnen, wenn Ergodogs kleinerer Rassen auf dem Schoß oder im Arm des Patienten liegen oder der Patient sich an Ergodogs größerer Rassen anlehnen und seinen Arm um sie legen kann.

9.2 Kognition und Lernen

Grundsätzlich ist jeder Umgang mit Ergodog für Mensch und Hund ein Lernprozess. Daher sollten die ersten Kontakte auch überschaubar und nicht überfordernd sein. Sie können, gemeinsam mit Ihrem Patienten oder unter dessen Beobachtung, beispielsweise ein paar Goodies im Raum verstecken, die Ergodog anschließend suchen muss. Das Beobachten des Hundes stellt bereits eine hohe Kompetenzorientierung dar, ebenso wie die Anforderung an die Merkfähigkeit des Patienten, wo die Leckerlis versteckt waren und ob Ergodog alle gefunden hat. Das

Gedächtnis wird trainiert, wenn Ihr Patient nach der Therapie oder in der darauf folgenden Therapieeinheit noch repetieren muss, wo die Goodies versteckt waren und in welcher Reihenfolge Ergodog sie gefunden hat. Jede Form von Spielen mit Ergodog unter Beachtung spezieller Spielregeln ist ein Kognitionstraining und die Hundespiele können einfacher bis komplexer Natur sein, je nach dem Anforderungsniveau des Patienten. Der große Vorteil liegt in der Authentizität des Hundes. Er ist nicht höflich und lässt den Menschen „gewinnen" nur weil er ihn „motivieren" möchte. Hat Ergodog in seiner Ausbildung gelernt, nur auf bestimmte Reize zu reagieren, ist der Patient nur erfolgreich, wenn er diese bestimmten Punkte beachtet und beherrscht. Besonders hohe kognitive Anforderungen werden an den Patienten gestellt, wenn er Ergodog etwas beibringen soll. Auch hier ist die Unmittelbarkeit im Verhalten von Hunden ein großer Gewinn für die Entwicklung kognitiver Kompetenzen.

9.3 Wahrnehmung und Verarbeitung

Das Beobachten des Hundes schult – neben der kognitiven Verarbeitung – auch das visuelle Wahrnehmen insgesamt. Eine besondere Bedeutung gewinnt der Bereich der gesamten haptischen Wahrnehmung durch das Streicheln von Ergodog, das Berühren seiner Pfoten, Ohren, Schnauze mit den verschiedenen Wahrnehmungsqualitäten und – nicht zu unterschätzen – die passive Wahrnehmung, wenn Ergodog die Hände des Patienten beleckt. Auch der Geruch des Hundefells vermittelt Wohlbefinden. Auf die Notwendigkeit einer 1A-Hundepflege bin ich bereits im Kapitel „Mensch-Hund Team" eingegangen. Im Sinne einer Verbesserung von Aufmerksamkeit und / oder Konzentration in der Beobachtung und Abstimmung mit Ergodog sind auch spezielle Spielsachen und Fellpflegeartikel wahrnehmungs- und verarbeitungsfördernd.
Durch den Umgang mit Ergodog werden Intuition und Selbstvertrauen gefördert. Formen verzerrter Wahrnehmung von sich selbst und seiner Umgebung können durch die unmittelbare und authentische Erfahrung

mit Ergodog im behutsamen Therapeutischen Prozess gespiegelt und korrigiert werden.

9.4 Emotionale und soziale Kompetenzen

Altruismus, im Gegensatz zu Egoismus, bezeichnet den „Einbezug anderer und die Rücksichtnahme auf diese im Denken, Fühlen und Handeln". Dies umfasst insbesondere das beabsichtigte und geplante Handeln zum Wohle Dritter, wie beispielsweise das Versorgen von Tieren. Dabei steht die intrinsische Motivation im Vordergrund, also das Bedürfnis, Tieren wohl zu tun und dies als beglückendes Gefühl zu empfinden ohne Dank und ohne daraus resultierenden persönlichen Nutzen. Tiere können zwar Ängste hervorrufen, sehr viel häufiger ist jedoch der positive Einfluss von Tieren auf menschliche Emotionen zu verzeichnen. Allein die Anwesenheit eines Tieres kann Stimmungen positiv beeinflussen. Menschen mit Kontaktstörungen können mit Ergodog die behutsame Annäherung an ein Gegenüber lernen. Da Ergodog selbst keine Erwartungen an den Therapieverlauf hat, kann der Patient sein Tempo im Therapieerfolg bestimmen, ohne sich unter Druck gesetzt zu fühlen. So sollte es gerade für Patienten mit sozialen Auffälligkeiten zu den (täglichen) Verpflichtungen im Umgang mit Ergodog gehören, für seine Pflege zu sorgen. Dies kann unmittelbar durch Füttern, Bürsten und dergleichen geschehen, aber auch mittelbar durch die Sorge für Leine, Geschirr, Halstuch, Spielsachen etc. Auch kann Ergodog mittels spezieller Halstücher für bestimmte Anlässe geschmückt werden. Ich möchte an dieser Stelle hervorheben, dass keinesfalls Hundebekleidung akzeptabel ist, die den Hund daran hindert, seinem natürlichen Verhalten Ausdruck zu verleihen. Eine Ausnahme kann und muss ggf. ein wärmender Mantel im Winter oder ein Schutzhöschen bei Läufigkeit sein. Kleine Halstücher oder speziell gestaltete Halsbänder sind für Ergodog jedoch nicht störend und entsprechen – in kleinem, und somit vertretbaren Rahmen, dem Bedürfnis des Menschen zu anthropomorphisieren.

9.5 Sprache und Kommunikation

Wie bereits dargestellt, beherrschen Hunde perfekt die nonverbale Kommunikationsform. Mit Ergodog kann der Patient neben der Körpersprache auch in Laut- und Gebärdensprache kommunizieren. So erleben spracheingeschränkte Patienten Ergodog als kommunikativ zugängliches Gegenüber und lernen im wechselseitigen Kommunikationsprozess. Gerade gentle sounds – die leisen Töne im Umgang mit Ergodog werden von vielen Patienten als entlastend erlebt.

10. Baustein VIII – Ergänzungen und Erkenntnisse

10.1 Rechtliche Bedingungen

10.1.1 Versicherungen

Seit Jahren ist der Hund das beliebteste Haustier in Deutschland. Oft wir aber vergessen, dass ein Hund, egal wie zahm, klein oder guterzogen er ist, auch ein potentielles Risiko birgt. Das Problem ist, dass die durch den Hund verursachten Sach- oder sogar Personenschäden nicht über die private Haftpflichtversicherung des Hundehalters abgedeckt sind. Vor allem die Kosten für Personenschäden, die durch die Untersuchungen, Behandlungen, Medikamente, evtl. Rehabilitationsmaßnahmen etc. entstehen, können schnell in die Millionen gehen. Der Hundehalter haftet hierfür in vollem Umfang mit seinem Privatvermögen.

Daher ist es ratsam, sich eine spezielle Hundehaftpflicht für den geliebten Vierbeiner zuzulegen. In einigen Bundesländern wie Berlin, Niedersachsen und Sachsen-Anhalt ist die Hundehaftpflichtversicherung im Landesgesetz verankert und somit ein Muss! In allen anderen Bundesländern ist sie fakultativ. Bedenkt man jedoch die Folgen, die für den Hundehalter langfristig entstehen könnten, ist es keine Frage, dass eine Versicherung für den Hund genauso zur Grundausstattung des Tieres gehört wie ein Fressnapf oder eine Leine. Gute Haftpflichtversicherungen kosten nicht mehr als 30–60 Euro im Jahr (das sind 3–5 Euro im Monat, die Ihnen Ihre finanzielle Absicherung wert sein sollte) und decken Sach- und Personenschäden bis zu mehreren Millionen Euro ab. Viele Versicherungen bieten eine Selbstbeteiligung an, die die Grundsumme der monatlichen Gebühren senkt. Als Tipp: Sie sollten beim Abschluss einer neuen Hundehaftpflicht evtl. darauf achten, das auch Mietsachschäden, sowie fremde Hüter, der Schutz fremder Hüter und das Führen ohne Leine versichert sind. Fakultativ können auch weitere Luxus-/Zusatzleistungen wie z. B. Operationsversicherung oder der Versicherungsschutz im Ausland etc. eine Rolle spielen.

Wird der Hund gewerblich genutzt, z. B. als Therapiehund, so ist neben der Hundehaftpflicht auch eine Berufshaftpflicht für den Therapeuten ein Muss, da die gewerbliche Nutzung nicht durch die private Hundehaftpflicht abgedeckt wird. Viele Versicherungen bieten hier eine Kombination aus privater- und Berufshaftpflicht an, die dann günstiger ist, als zwei separate Policen.

Achten Sie auch darauf, dass oft bestimmte Hunderassen sowie deren Mischformen oft von Versicherungen ausgeschlossen werden. Dies sind z. B. Rassen, die im Allgemeinen als sogenannte Kampfhunde beziehungsweise Listenhunde gelten. Gerne werden hier immer American Pitbull / Pitbulls allgemein, Doggen / Bulldoggen allgemein, Hirtenhunde allgemein, Bullterrier sowie viele weitere Rassen aufgezählt. Auch wenn viele dieser sogenannten Listenhunde eine von Haus aus geringe Grundaggression haben und großteils sogar sehr verschmuste Tiere sind, muss für eine Haltung dieser Vierbeiner meist eine höhere Versicherungsgebühr entrichtet werden. Einige Bundesländer gehen sogar noch weiter und verlangen bei solchen Rassen das Tragen eines Maulkorbes oder den Nachweis einer besonderen Ausbildung des Hundehalters. Meiden Sie Versicherungen, die sog. Listenhunde nur gegen erheblichen Aufpreis versichern, denn es gibt auf dem Markt genug Anbieter, die Ihren Hund ohne Einschränkungen und ohne Aufpreis zu den marktüblichen Tarifen versichern.

Wichtig ist auch, dass darauf geachtet wird, dass die Hundehaftpflicht sog. Mietsachschäden abdeckt. Diese sind, anders als in den privaten Haftpflichtversicherungen, gar nicht oder nicht immer im Basistarif enthalten. Dies gilt ebenfalls, wie vorne bereits erwähnt, für das Absichern fremder Hüter und das Führen ohne Leine. Zwar ist das Führen ohne Leine laut Oberverwaltungsgericht Lüneburg (Entscheidung 1/2005) grundsätzlich erlaubt und somit in allen Hundehaftpflichtversicherungen mitversichert, es sollte aber idealerweise nochmals separat erwähnt werden. Vor allem bei Altverträgen (vor 2006) sollte geprüft werden ob dies mitversichert ist. Einzelverbote für das Führen ohne Leine sollten berücksichtigt werden. Dies gilt für Spielplätze und Parkanlagen, bei denen zum Anleinen durch Schilder aufgefordert wird. Im Schadensfall trägt man sonst eine Mitschuld. Das Führen ohne Leine ist zwar laut Oberverwaltungsgericht Lüneburg (s. S. 170) erlaubt, dies ist aber nur für das Bundesland Niedersachsen bindend. Alle anderen Bundesländer müssen sich nicht an diese Entscheidung halten. Im Zweifelsfall ist dies zwar ein Präzedenzfall, muss aber wohl, so lange es kein Bundesurteil gibt, im Einzelfall eingeklagt werden.

Was Fremdhüter betrifft, so sind diese zwar in nahezu allen Hundehaftpflichtversicherungen mitversichert, jedoch oft nicht, falls diese selbst vom Hund des Halters gebissen oder anderweitig geschädigt werden. Dies sollte ebenfalls mitversichert sein.

Es stellt sich immer wieder die Frage, ob ein Selbstbehalt von 100–300 Euro bei einer Hundehaftpflicht sinnvoll ist oder nicht. Statistisch liegen die meisten Sach- und Personenschäden zwischen 100 und 400 Euro. Da sich der Selbstbehalt jedoch nur mit wenigen Euro Ersparnis auf den Jahrespreis auswirkt, ist davon normalerweise abzuraten.

Überflüssig ist auch eine sog. Operationsversicherung, da diese häufig nicht oder nur gegen Aufpreis angeboten wird und oft nur 1000–2000 Euro abdeckt sowie auf wenige OP-Fälle begrenzt ist.

Gleiches gilt für den zusätzlichen Auslandsschutz. Normalerweise ist dieser im Standardtarif bereits enthalten und unterscheidet sich lediglich in der Höhe der Versicherungssumme und der Gültigkeit. Als Empfehlung gilt, dass die Versicherungssumme für In- und Ausland sowie die Gültigkeit (Laufzeit) identisch sind.[***]

*** Vgl. http://www.blkk.de/beste-hundehaftpflicht-versicherung/

10.1.2 Einverständniserklärung

Um auf der rechtlich sicheren Seite zu stehen, ist es wichtig die (volljährigen) Patienten, Betreuer bzw. Eltern eine Einverständniserklärung für den Einsatz des Therapiehundes unterschreiben zu lassen. Dabei ist zu berücksichtigen, ob seitens der Patienten eine Allergie gegen Hundehaare oder eine andere Atemwegserkrankung besteht, die eine Kontraindikation für den Einsatz des Tieres darstellen. Des Weiteren muss abgeklärt sein, ob der Patient eine mögliche Bluterkrankung hat, die ihn gefährden könnte. Das bezieht sich z. B. auf Bluter, die eine verminderte Blutgerinnungsfähigkeit besitzen und bei einem Biss viel Blut verlieren könnten.

Sollen zu Dokumentationszwecken, oder aus anderen Gründen Fotos gemacht werden, so muss hierfür ebenfalls eine Erlaubnis eingeholt werden.

Um bei einem etwaigen Rechtsstreit auf der sicheren Seite zu sein, sollten folgende Kriterien erfüllt sein:

- Vorliegen einer gültigen Berufs-Haftpflichtversicherung
- Mindestens alle 6 Monate Entwurmung
- Ein nach EU-Norm gültiger Impfschutz (Tollwut etc.)
- Frei von ansteckenden Krankheiten sein
- Hundesteuerlich gemeldet sein
- Eine zertifizierte Begleithundeausbildung absolviert haben
- Eine zertifizierte Therapiehundeausbildung abgeschlossen haben

Die folgende Einverständniserklärung darf unverändert als Kopiervorlage verwendet werden:

Einverständniserklärung

zur Anwendung tiergestützter Ergotherapie

für den Patienten / das Kind:

______________________________, geb.: ______________,

wohnhaft: ______________________________.
(Straße, PLZ, Ort)

Hiermit gebe ich als Patient / wir als Eltern des oben genannten Patienten / Kindes unser Einverständnis zur tiergestützten Therapie und für den Einsatz eines Therapiehundes nach Ermessen des behandelnden Ergotherapeuten in der bestehenden ergotherapeutischen Behandlung.

Der Einsatz des Tieres wird von der Ergotherapeutin / dem Ergotherapeuten

______________________________ durchgeführt.

Das Tier besitzt eine gültige Haftpflichtversicherung, einen nach EU-Norm gültigen Impfschutz, ist frei von ansteckenden Krankheiten und wurde regelmäßig entwurmt.

Einverständnis: ❒ Ja ❒ Nein

Eine schriftliche Kurzinformation über den Einsatz von Therapiehunden habe ich / haben wir erhalten: ❒ Ja ❒ Nein

Besteht eine bekannte Allergie gegen Hunde? ❒ Ja ❒ Nein

Besteht eine Bluterkrankung des Patienten / Kindes? ❒ Ja ❒ Nein

Bestehen sonstige Beeinträchtigungen, die bei der tiergestützten Therapie berücksichtigt werden müssen?

❒ Ja – Welche? ______________________________ ❒ Nein

Dürfen Fotos / Videoaufnahmen des Patienten / Kindes in der tiergestützten Therapie gemacht werden? ❒ Ja ❒ Nein

____

Ort / Datum Unterschrift des Patienten / der Erziehungsberechtigten

10.2 Hygienische Bedingungen

10.2.1 Allergien

Als Allergie bezeichnet man eine übertriebene Abwehrreaktion des Immunsystems auf bestimmte und normalerweise als harmlos geltende Stoffe aus der Umwelt. Diese sog. Allergene können z. B. Pollen, Hausstaub, Tierhaare, in Nahrungsmitteln (z. B. Laktose), Schimmelpilze, in Insektenstichen (z. B. Bienengift), Sonneneinstrahlung (UV-A-Strahlen), oder Materialien wie Metalle (z. B. Nickel), Kosmetika, Putz- und Waschmittel, Chemikalien, Textilien etc. sein. Im Allgemeinen äußert sich eine Allergie mit entzündlichen Prozessen. Je nach Lokalisation, können Symptome wie Übelkeit, Erbrechen, Koliken, Bläschenbildung, Juckreiz, Kontaktekzeme, Fieber, Atemnot und in besonders schweren Fällen ein sog. allergischer Schock auftreten. Typischerweise sind Schleimhäute, Atemwege, Hautstellen und / oder der Gastrointestinaltrakt (Magen / Darm) betroffen.

Bei Verdacht kann vom Arzt ein Allergietest durchgeführt werden. Hierbei werden bestimmte Allergene mit der Haut in Berührung gebracht. Bei einer Reaktion der Haut ist der Test auf diese Substanz positiv.

Speziell bei der Tierhaarallergie gelten Hunde, Katzen, Kaninchen, Hamster, Meerschweinchen, Pferde, Mause, Ratten und Vögel, die auch gerne als Haustiere gehalten werden, als Auslöser für die Allergie. Dabei sind nicht die Haare die eigentliche Ursache, sondern vielmehr die Hautschuppen und Körpersekrete wie Schweiß, Speichel und Tränenflüssigkeit, die die allergische Reaktion hervorrufen. Diese Allergene haften an den Tierhaaren oder befinden sich frei schwebend als feiner Staub in der Luft und gelangen über Schleimhäute der Augen, Nase oder Bronchien in den Körper. Dadurch können Symptome wie Niesreiz, Rötungen, Tränen und Juckreiz in den Augen, Schwellungen der Nasenschleimhäute, eine laufende Nase, Bronchitis, Asthmaanfälle, Nesselfieber und / oder Husten auftreten.

Je nach Allergieform kann und wird der Arzt zu unterschiedlichen Behandlungen (Eigenbluttherapie, Desensibilisierung etc.) und Medikamenten raten, die die Symptome bekämpfen und das körpereigene Immunsystem stärken und beruhigen.

10.2.2 Richtiges Händewaschen / Desinfizieren

Grundsätzlich ist es immer anzuraten sich nach der Toilette und vor dem Essen die Hände zu waschen. Im Alltag oder im Beruf kann es aber unter Umständen erforderlich sein, dies öfter zu tun. Dies ist vor allem dann der Fall, wenn mehrfach Körperkontakt zu anderen Menschen oder zu Tieren besteht. Auch das häufige Berühren von Gegenständen, die bereits andere Menschen in der Hand hatten (insbesondere Türklinken z. B. auf öffentlichen Toiletten) sind klassische Überträger von Bakterien und Viren, die beim Berühren von z. B. Mund, Nase, Augen etc. mit der Hand, über die Schleimhäute in den Körper eindringen, sich dort vermehren und Krankheiten auslösen können. Deshalb ist es wichtig, sich die Hände zu waschen. Internationale Studien haben belegt, dass regelmäßiges Händewaschen die Durchfallerkrankungen von Schulkindern um 50 % reduziert hat. Nach Angaben der Weltgesundheitsorganisation WHO werden 80 % aller Infektionskrankheiten durch die Hände übertragen.

Was wird benötigt?

- Zwei Minuten Zeit
- Ein gute evtl. antibakterielle Seife
- Wasser
- Papier- oder Stoffhandtücher
- Ggf. Hautpflegemittel (Handcreme etc.)

So geht's:

- Feuchten Sie Ihre Hände mit lauwarmem, fließendem Wasser an. Dies löst groben Schmutz besser als kaltes Wasser. Ringe (z. B. Eheringe) können beim Waschen an der Hand bleiben, um die daran haftenden Bakterien ebenfalls zu entfernen. Durch das vorherige Anfeuchten der Haut schäumt die Seife besser und reizt die Haut weniger.

- Geben Sie ein bis zwei erbsengroße Seifenportionen in Ihre Handfläche und verreiben Sie diese gründlich für mindestens 30 Sekunden. Achten sie darauf, dass auch der Handrücken und insbesondere den Raum zwischen den Fingern mit einbezogen wird, da sich hier besonders gerne Erreger ansammeln. Anschließend spülen Sie die Hände mit lauwarmem Wasser unter weiterem Reiben der Hände ab. Bei bestehenden Hautkrankheiten (z. B. Neurodermitis) oder empfindlicher Haut ist eine ph-neutrale Seife zu empfehlen.

- Trocknen Sie die Hände gut ab, da Feuchtigkeit einen Nährboden für Bakterien bietet. In Bereichen, in denen es besonders auf Hygiene ankommt, sind Papierhandtücher besser geeignet, da diese vorher nicht verwendet wurden. Im Alltag genügt ein persönliches Handtuch, das idealerweise mindestens täglich erneuert wird.

In kühleren Jahreszeiten wie Herbst, Winter und Frühling ist der Mensch anfälliger für Erkrankungen als im Sommer. Daher ist es sinnvoll, sich in diesen Monaten häufiger die Hände zu waschen. Allerdings gibt es auch Risiken, die zumindest erwähnt werden sollten. Zu häufiges Händewaschen wirkt sich negativ auf die Schutzschicht der Haut aus. Dies ist vor allem im klinischen Bereich gegeben, da hier nach jedem Patienten eine Handreinigung und Handdesinfektion (die besonders aggressive und schädigende Wirkung auf Bakterien, aber auch auf die Haut hat) erforderlich ist.

Für unterwegs und während Therapiesituationen gibt es auch die Möglichkeit antiseptische Hautreinigungsgele zu verwenden. Diese sind vor allem dann unerlässlich, wenn aktuell kein Waschbecken zu Verfügung steht. Als Beispiel sei hier eine Therapiesituation angeführt, in der der Patient mit dem Hund spielt und während der Therapie das Bedürfnis verspürt etwas zu Essen und / oder zu Trinken, bei der er die Nahrungsmittel direkt anfasst (z. B. Obst etc.).

Zu empfehlen ist in jedem Fall, sich nach dem Händewaschen mit einer Handpflegelotion die Hände einzucremen, um die natürliche Schutzschicht der Haut zu unterstützen und Hautreizungen sowie Austrocknung zu verhindern.

10.2.3 Impfungen

Die Impfungen dienen dem Schutz des Hundes vor Krankheitserregern. Prinzipiell hat sich in den letzten Jahren hinsichtlich des Impfschutzes einiges getan. Zum einen wurde festgestellt, dass Impfungen nicht zwangsweise bei jedem Erreger jährlich erfolgen müssen und zum anderen, dass Impfungen auch Autoimmunerkrankungen hervorrufen können.

Die Ansicht, dass jährlich geimpft werden muss, kommt noch aus einer Zeit von vor 40 Jahren, in der mit sog. Totimpfstoffen gearbeitet wurde, die nur eine kurze Immunitätsdauer erreichen. Heute werden überwiegend Lebendimpfstoffe verwendet, die eine weitaus längere Immunität erzeugen. Totimpfstoffe werden nur noch bei einigen Impfungen wie z. B. Leptospirose oder Borreliose verwendet. Durch die Lebendimpfstoffe werden Immunitäten von bis zu sieben Jahren und sogar teilweise nachweislich lebenslanger Schutz erzeugt. Einige Impfstoffhersteller haben bereits die Empfehlung der Impfintervalle auf drei Jahre erhöht.

Die Impfungen dienen zwar dem Schutz des Hundes, können aber wie schon erwähnt auch Erkrankungen verursachen. Neben den Unverträglichkeitsreaktionen können auch Spätfolgen entstehen, die oft erst Wochen oder Monate später auftreten und so nicht mehr mit der Impfung in Verbindung gebracht werden. Solche Impffolgen können sein: Durchfall, Erbrechen, asthmatische Beschwerden, Nervenentzündungen, Lähmungen, Hirnhautentzündungen, Entzündungen des Unterhautfettgewebes, tumoröse Wucherungen an der Impfstelle (bei Hunden eher selten) und allergische Schockzustände. Die Impfstoffe stehen auch im Verdacht, Autoimmunerkrankungen auszulösen. Dazu gehören Allergien, Immunschwäche Arthrosen und Diabetes. Zwar ist die Forschung in diesem Bereich noch mangelhaft, ein begründeter Verdacht lässt sich jedoch nicht von der Hand weisen.

Eine Generalimpfung gegen alle möglichen Erreger ist nicht zu empfehlen. Dies trifft vor allem auf Bagatellerkrankungen ohne Folgeschäden und extrem selten vorkommende Erkrankungen zu. Eine Impfung ist allerdings für die lebensgefährlichen Erkrankungen empfohlen.

Gerade Welpen werden oft zu früh geimpft. Dies sollte erst erfolgen, wenn sich das Immunsystem des Welpen ausreichend entwickelt hat. Nach der Geburt werden die Welpen durch mütterliche Antikörper geschützt, die diese über die Muttermilch aufgenommen haben. Erst wenn diese beginnen sich zu verringern, beginnt das Immunsystem des Welpen eigene Antikörper zu bilden. Das Immunsystem des Welpen ist erst mit 6 Monaten voll entwickelt.

Eine sogenannte Grundimmunisierung für Welpen ist wichtig, kann aber auch noch bei älteren Hunden erfolgen. Idealerweise sollten die Impfungen an die jeweilige Lebenssituation des Hundes angepasst sein. Und obwohl es kein festes, vorgeschriebenes Impfschema für Welpen gibt könnte das folgende als Vorlage dienen:

- Empfohlen wird, dass Welpen ab der 8. besser ab der 10. Lebenswoche gegen Staupe, Hepatitis und Parvovirose geimpft werden
- Diese sollten 4 Wochen später aufgefrischt werden und es sollte zusätzlich eine Erstimpfung gegen Leptospirose erfolgen
- Ab dem 3. Lebensmonat sollte eine Auffrischimpfung gegen Leptospirose und zusätzlich die erste Impfung gegen Tollwut erfolgen. (Die Tollwutimpfung ist in Deutschland fakultativ, da wir seit 2008 als tollwutfrei gelten. Für Auslandsreisen ist es jedoch notwendig oder zumindest empfohlen und kann auch erst ab dem 6. Monat als Einzelimpfung erfolgen.)

Generell sollte vor den Impfungen Folgendes beachtet werden:

- Der Hunde muss klinisch gesund sein. Es dürfen keine Erkrankungen vorliegen.) Die Kontrolle erfolgt durch einen Tierarzt

- Ein evtl. vorhandener Parasitenbefall muss vor der Impfung beseitigt werden. Dies erfolgt i.d.R. durch eine vorherige Entwurmung (14 Tage vor der Impfung)

Folgende Impfungen sind sinnvoll und empfohlen:

- Parvovirose (Hundeseuche)
- Staupe
- Hepatitis contagiosa canis
- Bei Besuchen im Mittelmeerraum sollten weitere Impfungen wie z. B. gegen Piroplasmose bzw. Babesiose und Herzwürmer erfolgen
- Weitere Impfungen, die je nach Lebensraum und Lebensart indiziert sind

Folgende Impfungen sollten in Anbetracht der möglichen Risiken nicht oder nur bei hohem Infektionsrisiko durchgeführt werden:

- Borreliose (Nicht notwendig. Es ist statistisch erwiesen, dass die meisten Infektionen vermutlich symptomlos verlaufen.)
- Zwingerhusten-Komplex (Die Impfung ist abhängig von der Tierhaltung, d. h. Einzel- oder Massenhaltung, die Erkrankung ist aber nicht lebensbedrohlich.)
- Leptospirose (Ein Impfschutz besteht lediglich gegen 2 der vielen Bakterienarten.)
- Tollwut (Ist nur bei Auslandsaufenthalten empfohlen bzw. nötig, da Deutschland seit April 2008 als tollwutfrei gilt.)

10.2.4 Pflege des Hundes

Genauso wie das tägliche Spazierengehen mit dem Vierbeiner, gehört die Pflege des Hundes zur Arbeit des Besitzers. Gerade bei Therapiehunden ist die Pflege deutlich wichtiger und intensiver als bei nicht therapeutisch eingesetzten Hunden, da sie mit Menschen oft in engen Kontakt kommen und so als Krankheitsüberträger fungieren können. Neben den regelmäßigen Tierarztbesuchen, die etwas häufiger sind, als bei einem reinen Familienhund, um den Gesundheitszustand des Hundes zu überprüfen, muss das Tier häufiger gebürstet und ggf. gebadet werden. Gerade lebhafte Hunderassen, die auch gerne mal in den feuchteren Monaten durch Pfützen und Wiesen tollen, müssen anschließend gut gereinigt werden. Bei leichten Verschmutzungen muss es nicht immer sofort ein Vollbad sein. Es gibt diverse Mittel zur Reinigung, wie z. B. Trockenshampoo für Hunde, die mit anschließendem Ausbürsten als Grundreinigung ausreichen. Kommt der Hund jedoch als Therapiehund zum Einsatz, sollte der Hund vor Beginn gereinigt und gebürstet sein. Bei einem Einsatz in Krankenhäusern ist die Hygienevorschrift meist noch etwas strenger. Meist müssen sich die Patienten vor und nach dem Kontakt mit dem Tier die Hände desinfizieren, die mit Hundehaaren kontaminierte Kleidung wechseln und der Kontakt darf nur in bestimmten, dafür eigens eingerichteten Räumen stattfinden. Das Tier darf dort nicht ohne Aufsicht herumlaufen und muss meist ein besonderes Halsband oder eine weißes Geschirr mit Aufschrift Therapiehund im Dienst tragen. Außerdem muss zwischen Krankenhaus- und Therapiehund-Utensilien strikt getrennt werden.
Wird bei einem Therapiehund auf folgende Hygienemaßnahmen geachtet, so stellt er ein sehr kleines Risiko als Krankheitsüberträger dar:

- Regelmäßige Entwurmung, die öfter als beim Familienhund erfolgen muss
- Aktuelle bzw. regelmäßig aufgefrischte Impfungen
- Regelmäßiger Schutz gegen Parasiten (Flöhe, Zecken etc.)

- Turnusmäßige Überprüfung und Schneiden der Krallen, um Verletzungen durch Kratzen zu vermeiden
- Tägliche Fellpflege (Kämmen, Bürsten etc.), insbesondere vor einem Therapieeinsatz
- Für die rechtliche Sicherheit ist ein Gesundheitszeugnis oder eine „Unbedenklichkeitsbescheinigung" durch einen Tierarzt empfehlenswert

Eine weitere rechtliche Empfehlung ist das Führen eines sog. Nachweisheftes, in dem die oben genannten Hygienemaßnahmen eingetragen werden und das so im Zweifelsfall gegenüber den Patienten, Berufsgenossenschaften, Versicherungen etc. als Nachweis dienen kann. In das Heft sollten auch alle Einsätze des Therapiehundes protokolliert werden. Idealerweise unterschreibt der Patient vor dem ersten Einsatz, dass er mit dem Einsatz des Hundes einverstanden ist und er über mögliche, beim Patienten nicht bekannte, allergische Reaktionen aufgeklärt wurde.

Stellt man also den Nutzen und die positive Wirkung, die der Therapiehund auf die Patienten hat, den hygienischen Bedenken gegenüber, so sind Letztere wohl verschwindend gering.

Verwendete und weiterführende Literatur

Beetz, Andrea (2003): Bindung als Basis sozialer und emotionaler Kompetenzen. In: Olbrich, Erhard / Otterstedt, Carola (Hrsg.): Menschen brauchen Tiere. Franckh Kosmos

Bloch, Günther (2004): Der Wolf im Hundepelz. Franckh Kosmos

Feddersen-Petersen, Dorit (2013): Hundepsychologie. Franckh Kosmos

Habermann, Carola / Kolster, Friederike (2009): Ergotherapie im Arbeitsfeld Neurologie. Thieme

Jones, Renate (2009): Aggression bei Hunden. Franckh Kosmos

Junkers, Anja (2013): Tiergestützte Therapie. Schulz-Kirchner

Kobal, Saskia / Lassen, Martina (2011): Die Revolution Hund. Kynos

McConnel, Patricia B. (2009): Das andere Ende der Leine. Piper

Metz, Gabriele / Teschner, Ramona (2011): Body Talk. Franckh Kosmos

Müller, Anja Carmen / Lehari, Gabriele (2011): Der Therapiehund. Oertel + Spörer

O'Heare, James (2009): Die Neuropsychologie des Hundes. Animal Learn

Petermann, Petra-Kristin (2000): Der Hund in der Ergotherapie. In: Ford, Graham / Olbrich, Erhard (Hrsg.): Tiere helfen Menschen. Würzburg

Rugaas, Turid (2007): Das Bellverhalten der Hunde. Animal Learn

Rugaas, Turid (2001): Calming Signals. Animal Learn

Sheldrake, Rupert (2011): Der siebte Sinn der Tiere. Fischer

Störr, Maria (2011): Hunde helfen heilen. Kynos

Tellington-Jones, Linda (2010): Tellington Training für Hunde. Franckh Kosmos

Theby, Viviane / Hares, Michaela (2011): Das große Schnüffelbuch. Kynos

Theby, Viviane (2011): Verstärker verstehen. Kynos

Tschentscher, Jörg (2009): Mensch-Hund Psychologie. Animal Learn

Vernooij, Monika A. / Schneider, Silke (2008): Handbuch der Tiergestützten Intervention. Quelle & Meyer

Wilde, Nicole (2009): Der ängstliche Hund. Kynos

Weblinks:

URL: http://www.mensch-hund-kommunikation.de/stimmungsuebertragung.html; Stand: 28.12.12

URL: http://www.kuerzeundwuerze.ch/wissenswertes/wissen-von-a-z/nonverbale-kommunikation/; Stand 28.12.12

URL: http://www.kuerzeundwuerze.ch/wissenswertes/wissen-von-a-z/paraverbale-kommunikation/; Stand: 28.12.12

URL: http://de.wikipedia.org/wiki/Spiel; Stand: 31.12.12)

URL: http://de.wikipedia.org/wiki/Konsequenz; Stand 01.01.13)

URL: http://de.wikipedia.org/wiki/Konsequenz; Stand 01.01.13

URL: http://www.euro.who.int/de/what-we-do/health-topics/non-communicable-(www.nia.nih.gov)

URL: http://www.myhandicap.de/demenz-alzheimer-gedaechtnis-erinnerungen.html; Stand 28.12.12

URL: http://www.blkk.de/beste-hundehaftpflicht-versicherung/

Bildmaterial

Wir bedanken uns bei Lennox Brettschneider und seinen Eltern, bei Frau Gertrud Schmitt und Herrn Frank Gerst, dass sie sich für die Aufnahmen zur Verfügung gestellt haben. Die Aufnahmen mit den Hunden stellen z. T. reale Patientensituationen nach, bzw. zeigen Einsatzmöglichkeiten. Aus Gründen der Vertraulichkeit haben wir darauf verzichtet, Bilder tatsächlicher Patienten in das Buch aufzunehmen.
Ferner verzichten wir bei den Bildern, die Ausbildungssituationen des Hundes zeigen, auf die Darstellung von verweisenden Maßnahmen (wie beispielsweise den Schnauzengriff), da wir aus ethischen Gründen den Hunden solche Darstellungen nicht zumuten.